中国海洋经济绿色增长效率评价及提升路径研究

丁黎黎　杨颖　赵昕　王萍　著

·青岛·

图书在版编目（CIP）数据

中国海洋经济绿色增长效率评价及提升路径研究 / 丁黎黎等著 . —青岛：中国海洋大学出版社，2023.3

ISBN 978-7-5670-3395-5

Ⅰ . ①中…　Ⅱ . ①丁…　Ⅲ . ①海洋经济—经济增长率—研究—中国　Ⅳ . ① P74

中国国家版本馆 CIP 数据核字（2023）第 013155 号

中国海洋经济绿色增长效率评价及提升路径研究

ZHONGGUO HAIYANG JINGJI LÜSE ZENGZHANG XIAOLÜ PINGJIA JI TISHENG LUJING YANJIU

出版发行　中国海洋大学出版社

社　　址　青岛市香港东路23号　　**邮政编码**　266071

网　　址　http://pub.ouc.edu.cn

出 版 人　刘文菁

责任编辑　董　超

印　　制　青岛中苑金融安全印刷有限公司

版　　次　2023年3月第1版

印　　次　2023年3月第1次印刷

成品尺寸　170 mm × 230 mm

印　　张　11

字　　数　191千

印　　数　1 ~ 1000

定　　价　68.00元

订购电话　0532−82032573（传真）

目录

1 引 言

1.1 研究背景

海洋因其独特的经济价值和战略意义受到世界各国的广泛关注,“保护和可持续利用海洋和海洋资源以促进可持续发展”已被写入联合国《2030 年可持续发展议程》[①]。我国现有大陆岸线 18000 千米,岛屿岸线 14000 千米,内海和边海的水域面积为 470 多万平方千米,蕴藏着丰富的海洋资源。为加快发展海洋经济,党的十八大明确提出“提高海洋资源开发能力,坚决维护国家海洋权益,建设海洋强国”的战略目标;党的十九大进一步强调“坚持陆海统筹,加快建设海洋强国”;党的二十大也明确提出“发展海洋经济,保护海洋生态环境,加快建设海洋强国”。2018 年,习近平总书记“海洋是高质量发展战略要地”的重要论断更是明确了海洋经济在我国经济高质量发展中的重要战略地位。因此,加快推动海洋经济高质量发展,不仅是加快建设海洋强国战略的必然要求,而且对推动我国经济高质量发展具有重要意义。

近年来,我国海洋经济的引擎作用不断增强。自 2000 年以来,我国海洋生产总值平均每六年翻一番,2021 年海洋生产总值已超过 9 万亿元,对国民经济增长的贡献率达到 8.0%。同时,我国的海洋科技创新能力也在逐步增强,《全球海洋科技创新指数报告(2020)》显示,我国海洋科技创新能力已跃居世界第四。海洋经济正逐渐成为推动我国经济增长的蓝色引擎,承担着为我国经济高

---

①《改变我们的世界:2030 年可持续发展议程》(*Transforming our World: The 2030 Agenda for Sustainable Development*)于 2015 年在纽约“联合国可持续发展峰会”上通过,并于 2016 年 1 月 1 日正式启动。该议程呼吁各国采取行动,为 2030 年前实现 17 项可持续发展目标而努力,其中,第 14 个发展目标指出要“保护和可持续利用海洋和海洋资源以促进可持续发展”。

质量增长培育新动能、壮大新产业、拓展新空间、引领新发展等重要使命。然而，我国海洋经济尚处于向高质量发展迈进的关键阶段，其发展过程中仍存在不充分、不协调、不可持续的现象，特别是其粗放式海洋资源开发模式下频现的海洋生物资源衰退、用海矛盾突出、产业布局趋同、资源利用效率偏低等问题，严重阻碍了海洋经济的可持续发展。

与此同时，近海污染问题也是制约海洋经济发展的巨大隐忧。我国自 20 世纪 80 年代起开展海洋环境治理工作，并于 1982 年颁布《海洋环境保护法》，形成了多部门分工协同治理的海洋环境管理模式(陈琦和胡求光，2021)。截至 2018 年，我国已修复岸线长度超过 1000 千米，修复滨海湿地 9600 公顷，初步遏制了近岸生态退化趋势，有效改善了海域生态环境。① 海洋环境治理是攻坚战也是持久战，尽管近年来我国海洋环境治理成效呈现稳中向好态势，但成效并不稳固，且一些地区在推进过程中存在新旧账叠加问题，海洋资源环境系统仍较为脆弱。《2020 年中国生态环境状况公报》显示，我国管辖海域劣四类海水面积超过 3 万平方千米，沿海地区有超过 70%的受监测典型生态系统处于亚健康或不健康状态。海洋资源过度利用、近海富营养化以及海洋生物多样性丧失等问题成为我国海洋生态环境面临的重要问题。实现海洋资源的可持续利用、维护生态健康是海洋事业科学发展的重要基础与保障，也是推进海洋经济高质量发展的应有之义(李志伟，2020)。与此同时，在当前我国海洋生态文明建设正处于压力叠加、负重前行的关键阶段，人民对于高质量海洋产品的需求更为强烈，对优化海洋生态环境的要求更为迫切。党的十九大报告强调，“加快水污染防治，实施流域环境和近岸海域综合治理”，“加快生态文明体制改革，建设美丽中国”。党的二十大报告强调，尊重自然、顺应自然、保护自然，是全面建设社会主义现代化国家的内在要求。必须牢固树立和践行绿水青山就是金山银山的理念，站在人与自然和谐共生的高度谋划发展。海洋环境治理是海洋生态文明建设的关键一环，也是保障海洋生态安全的重要基础，提升海洋环境治理效果是保障海洋经济绿色发展的关键所在。

在当前经济高质量发展背景下，海洋经济的发展不仅需要关注海洋经济的增长规模，更需要把握其环境影响，协调经济增长与环境保护二者之间的关系。海洋经济绿色增长利用资本、劳动与海洋资源等生产要素，通过一系列的海洋经济生产活动，获取相应的海洋经济产出，并通过环境污染治理，降低其环境影

---

①数据源于国家发展改革委、自然资源部《全国重要生态系统保护和修复重大工程总体规划(2021—2035 年)》。

响,最大限度地保障其经济福利与生态福利。推动海洋经济的绿色增长,既要重视协调资本、劳动、海洋资源等投入要素与海洋经济增长之间的关系,提高海洋经济生产能力,也要关注海洋经济的生态环境影响,提升海洋经济环境治理水平,实现海洋经济增长与环境保护的双赢。因此,系统把握海洋经济绿色增长效率,推进海洋经济的效率变革,是推动海洋经济绿色增长的核心要义。我国已明确提出,“发展海洋经济,绝不能以牺牲海洋生态环境为代价,一定要坚持开发与保护并举的方针,全面促进海洋经济可持续发展”,海洋环境治理已成为与海洋经济生产并重的关键环节,这恰恰是“中国式”海洋经济增长的特性所在。而以往对于海洋经济绿色增长效率的探讨,多强调经济发展所带来的环境破坏与资源损耗,忽略了环境治理行为对海洋经济绿色增长效率的影响,难以全面反映海洋经济的发展质量。因此,打破海洋经济绿色增长效率评价的“黑箱”,从海洋经济生产、环境治理的多阶段网络特征入手,对海洋经济绿色增长效率进行系统化评价与提升路径设计显得尤为重要。

1.2 研究意义

海洋是高质量发展的战略要地,海洋经济已成为当前国民经济发展新的增长极。本书以海洋经济为研究对象,深入剖析“中国海洋经济绿色增长效率评价及提升路径”这一科学问题,系统回答:“我国海洋经济绿色增长效率如何测度?”“我国海洋经济绿色增长效率如何演变?”“海洋经济绿色增长效率受何因素影响?”“海洋经济绿色增长效率如何提升?”对这些问题的回答,对于搭建海洋经济绿色增长效率评价的分析框架、完善海洋经济绿色增长效率评价的方法体系、拓宽海洋经济绿色增长效率提升路径、形成促进海洋经济高质量发展的系统化方案具有一定的理论价值;同时有助于全面把握我国海洋经济的发展脉搏,为各地区制定差异化海洋经济绿色增长效率提升策略提供参考。

(1) 理论价值

第一,搭建了海洋经济绿色增长效率评价的分析框架。目前对于海洋经济绿色增长效率的研究以实证研究为主,缺少对于海洋经济增长效率机制的探讨。一方面,海洋经济在资本、劳动等要素利用方面具有国民经济的共性;另一方面,海洋资源禀赋特点和海洋生态环境的特殊性,使海洋经济绿色增长问题研究不能简单照搬国民经济理论框架。本书结合我国海洋经济特点,尝试构建一套科学的海洋经济绿色增长效率的分析框架,以期对现有海洋经济绿色增长效率理论体系的完善做出努力。

第二,完善了海洋经济绿色增长效率评价方法体系。现有海洋经济增长效率评价研究多以自评为基础,且仅关注了海洋经济的生产过程,忽略了海洋经济绿色增长过程中多个参与主体的差异性以及内部过程的阶段性特征,无法实现对海洋经济绿色增长效率的精细化分析。本书尝试将交叉互评思想引入海洋经济增长效率评价框架;同时,打破海洋经济增长效率评价“黑箱”,根据海洋经济生产环节与环境治理过程中参与主体的差异性,构建涵盖生产—治理的两阶段网络结构效率评价体系,从而完善海洋经济绿色增长效率评价方法体系。

第三,拓宽了海洋经济绿色增长效率提升路径。现有对于海洋经济绿色增长效率提升路径的研究多是采用传统定性或定量分析方法,受研究者主观判断的影响较大,且较少考虑变量之间的相互影响与交互作用关系。鉴于此,本书通过构建面板回归模型,挖掘各因素对海洋经济绿色增长效率的净效应影响,并从多因素间的联合作用入手,运用 fsQCA 方法系统探讨海洋经济绿色增长效率提升问题,从而获取兼具客观性与多样性的优化路径,以此扩展海洋经济绿色增长效率提升路径的研究深度,亦是对 fsQCA 方法应用领域的有效拓展。

(2) 应用价值

第一,为厘清我国各地区海洋经济绿色增长过程的优势与不足提供了科学手段。当前我国海洋经济正处于向高质量发展阶段转变的关键时期,但以往粗放式的海洋资源开发利用模式造成了严重的资源环境问题,严重阻碍了海洋经济的可持续发展。因此,探索如何提高我国海洋经济绿色增长效率,准确把握各地区海洋经济绿色增长过程中的优势与不足,是当前我国海洋经济向高质量发展迈进的重要前提。为此,本书将资源环境要素和环境治理行为纳入海洋经济绿色增长效率研究框架,对海洋经济绿色增长效率、生产效率与环境治理效率进行了评价。评价结果能够全面、系统地反馈海洋经济增长、海洋资源消耗、海洋环境污染与治理状况,为精准衡量各地区海洋经济绿色增长效率水平、系统把握各地区海洋经济发展质量提供了科学手段。

第二,为各地区制定差异化海洋经济绿色增长效率提升路径提供了支撑。我国海岸线漫长,各海洋地区海洋产业发展基础、海洋资源禀赋状况、海洋生态环境承载能力、海洋科技条件等方面均存在差异性,使得同质化的海洋经济绿色增长效率提升路径设计无法满足区域海洋经济发展实际需求。因此,基于各地区海洋经济发展情况,结合其实际需求设计差异性的优化路径,是提升海洋经济绿色增长效率的必然要求。本书基于面板回归模型与 fsQCA 方法,明确了海洋产业集聚、环境规制等关键因素对海洋经济绿色增长效率的具体影响,从多因素间的交互作用与影响关系出发,探讨了海洋经济绿色增长效率的优化路径,以期为因地制宜提升海洋经济绿色增长效率提供路径、为统筹区域海洋经济协调发展提供借鉴。

1.3 国内外研究现状

1.3.1 单阶段的海洋经济增长效率评价研究

以往以海洋经济为研究对象，采用随机前沿方法(SFA)以及数据包络分析(DEA)进行效率评价的研究中，呈现出多种概念并存的局面，主要包括海洋经济效率、海洋产业效率、海洋经济技术效率、海洋经济增长效率等。这些研究均是对海洋经济增长过程某一方面效率表现的评价与分析，即单阶段的海洋经济增长效率评价。单阶段的海洋经济增长效率评价将海洋经济视为一个整体，通过系统初始投入与终端产出确定系统效率结果，而不关注系统的内部结构关系。根据是否考虑资源环境约束，可将单阶段的海洋经济增长效率评价研究分为两部分：一是传统视角下的海洋经济增长效率评价，主要考虑资本与劳动要素，早期海洋经济增长效率研究多集中于此；二是绿色发展视角下的海洋经济增长效率评价，在资本与劳动要素基础上，考虑了海洋资源环境等要素，并有少数学者关注了海洋环境治理对于海洋经济增长的作用。

(1) 传统视角下的海洋经济增长效率评价研究

传统视角下的海洋经济增长效率评价研究主要探讨劳动、资本要素投入下海洋经济增长效率问题。SFA 与 DEA 这两种方法被广泛用于海洋经济增长效率评价研究，本部分以这两种方法为脉络进行文献梳理。

① 基于 SFA 方法的海洋经济增长效率评价研究

在 SFA 方法下的海洋经济增长效率评价研究多考虑将资本与劳动作为投入要素，并选取海洋生产总值量化海洋经济活动的期望产出，但在具体的函数设定上表现出较大分歧。如选取超越对数生产函数为随机前沿，Zhao 等(2016)发现我国大部分沿海区域的海洋经济全要素生产率处于中等或较高水平，同时存在空间影响关系。纪建悦和王奇(2018)指出我国海洋经济发展是以资本密集型为导向，并存在规模报酬递减现象。Chen 等(2018)则认为对数线性生产函数较符合海洋经济生产实际，并指出我国沿海地区与非沿海地区的效率差距与技术进步差距处于放大态势。盖美等(2016)则将柯布-道格拉斯生产函数作为随机前沿，并发现我国海洋经济增长效率呈现提升态势，劳动力是驱动海洋经济增长的重要因素。赵昕等(2016)、李彬和高艳(2010)等学者也采用柯布-道格拉斯生产的随机前沿模型对海洋经济增长效率进行了相关研究。

基于 SFA 方法的海洋经济增长效率评价中，函数形式的差异性设定对研究结果的可靠性造成了影响，且多是基于“双投入单产出”的分析框架，无法处理资源环境约束问题，因此研究受到了一定限制。

② 基于 DEA 方法的海洋经济增长效率评价研究

作为一种非参数方法，DEA 方法根据决策单元的实际观测数据构造最佳前沿面，不需要预先假定生产函数形式，从而避免了模型设定的主观性偏误，更适用于解决多投入多产出的海洋经济增长问题，是目前海洋经济增长效率研究的主要方法。CCR 模型、BCC 模型、SBM 模型在这一领域得到了良好的应用。利用 CCR 模型，胡求光和余璇(2018)将生态效率引入海洋生态系统研究中，发现我国海洋生态效率兼具“北低南高”与“北增南减”特征。王泽宇等(2020)以超效率 SBM 模型对海洋三次产业的增长效率进行了分析，发现当前我国海洋经济存在技术效率偏低、规模相对受限的问题。孙才志和林洋洋(2021)进一步指出要素扭曲致使海洋经济增长效率缺口表现出下降趋势。肖健华和师雨瑶(2022)借助超效率 DEA 方法对 2001 年以来我国海洋经济增长效率进行了分析，指出我国海洋经济增长效率与“五年规划”同步，呈现波动提升与峰谷交替的周期性变化特征。

在海洋经济增长效率评价过程中，也有学者将 DEA 方法与灰色关联、SFA 等方法相融合。如邹玮等(2017)将 Bootstrap 与 DEA 方法以及标准差椭圆相结合，对环渤海地区 17 个沿海城市的海洋经济进行了分析，发现该区域效率总体上呈现先升后降的走势，且过于倚重资源消耗是导致海洋经济增长效率下降的主要原因。詹长根等(2016)将灰色理论引入 DEA 方法，提出构建 DEA－GRA－MLRM 模型，将沿海地区海洋经济增长效率划为 4 级，指出海洋产业结构对我国沿海地区海洋经济增长效率时空格局起到关键作用。

(2) 绿色发展视角下的海洋经济增长效率评价研究

绿色发展视角下海洋经济增长效率评价研究在资本、劳动等传统生产要素的基础上，考虑了海洋经济发展过程中的资源消耗与环境损耗，将资源环境等要素纳入投入产出评价体系。SFA 方法较适用于多投入单产出的效率评价问题，绿色增长视角下的海洋经济增长效率评价研究往往包含非期望产出，因此，这一视角下多以 DEA 方法为主要工具。文献中出现的海洋经济生态效率、海洋经济绿色增长效率、海洋经济绿色效率、海洋经济环境效率、海洋经济绿色全要素生产率等不同概念，均体现了海洋经济绿色增长的某一方面。本书将以上效率问题的研究都纳入海洋经济绿色增长效率问题里，并进行总结，具体如下。

① 考虑资源投入与环境坏产出

考虑海洋经济活动受到海洋生态环境的巨大影响，从可持续发展理念出发,海洋资源环境等因素被纳入海洋经济增长效率研究中(苑清敏等,2016)。Ren 等(2018)构建了全局的 Malmquist-Luenberger 指数模型,指出不考虑坏产出的海洋经济增长效率明显高于考虑坏产出的海洋经济绿色增长效率,不考虑资源环境约束势必会造成效率结果的高估。Zhao 等(2021)利用包含非期望产出的 SBM 模型对"海上丝绸之路"沿线国家海洋经济绿色增长效率进行了分析,发现"丝路"沿线两端国家(即东亚、欧洲地区国家)具有更高的效率水平。王银银(2021)利用超效率 SBM 模型对沿海 53 个城市海洋经济绿色增长效率进行了研究,发现我国海洋经济增长效率波动持续减弱,长三角地区海洋经济绿色增长效率极化现象严重,而其他地区有区域效率聚集态势。王元月和高山峻(2021)借助交叉效率模型在效率评价中的优势,利用压他型交叉效率模型对资源环境约束下的海洋经济绿色效率进行了研究,发现我国海洋经济整体效率偏低,科技、金融、对外贸易对海洋经济绿色增长均具有影响。基于 MEA－Malmquist 指数模型的研究结果,康旺霖等(2021)指出,包含非期望产出的海洋经济增长效率测度模型较之于仅考虑期望产出的传统效率测度方法更能全面挖掘海洋经济绿色增长过程中的潜在问题,结果更为准确。基于非期望产出的 SBM 模型,赵林等(2016)对 2001—2012 年我国海洋经济绿色增长效率进行了研究,指出海洋经济的环境坏产出对于海洋经济增长效率具有显著影响。Ren 等(2018)、Ding 等(2019)、宁凌和宋泽明(2020)以及陈健(2021)等在此领域也进行了相应的拓展。

② 考虑环境治理投入要素

部分学者注意到了环境治理在海洋经济绿色增长中的重要作用,将海洋环境治理纳入海洋经济绿色增长的评价体系。环境治理行为是一种污染控制的重要方式,可有效改善环境质量,并以"创新贸易效应"对海洋经济生产产生影响(晋盛武等,2011)。丁黎黎等(2015)关注了环境治理在海洋经济绿色增长中的重要作用,将其与海洋资源消耗、海洋污染排放并列作为三大成本,利用超效率 DEA 模型设计了海洋经济"蓝绿指数",对沿海各省(区、市)海洋经济绿色增长状况进行了探讨。从"海洋生态补偿"视角出发,石晓然等(2020)认为海洋环境治理投资考量了对海洋环境的补偿,在此思想下,利用超效率 SBM 模型对我国海洋经济生态补偿效率进行了研究,发现当前大部分省(区、市)的海洋生态补偿效率呈现下行态势。考虑政府的环境治理行为,Ding 等(2020)提出了一种中立策略的交叉效率模型对我国海洋经济进行了研究,并指出我国海洋经济绿色增长效率处于波动上升状态,表明我国环境治理已取得了阶段性成果。杨云飞和屈桂菲(2021)将海洋生态环境污染治理投资视为一种海洋生态环境资本，利用 CCR 模型对海洋生态环境效率进行了分析，并揭示了其区域差异。

1.3.2 多阶段的海洋经济增长效率评价研究

多阶段的海洋经济增长效率评价研究认为海洋经济是一个包含多阶段、具有复杂网络结构的经济系统，主张关注海洋经济系统内部结构，采用网络 DEA 模型进行海洋经济增长效率评价。多阶段的海洋经济增长效率研究在当前海洋经济增长效率评价研究中仍属于新兴领域，已有研究相对较少。本部分将重点从网络 DEA 模型在海洋经济增长效率评价方面的应用及网络 DEA 模型研究这两个方面对相关文献进行梳理。

(1) 基于网络 DEA 模型的海洋经济绿色增长效率评价研究

网络 DEA 模型在海洋经济增长效率评价领域并未得到较为广泛的应用，现就仅有的两篇代表性文献进行简要分析。丁黎黎等(2018)提出将海洋经济绿色增长分为生产阶段和环境治理阶段，构建了虚拟生产前沿的网络 RAM 模型，阐释了在海洋经济的绿色增长过程中生产行为与环境治理行为之间的内在联系。但是在子阶段效率获取中，网络 RAM 模型仅以综合效率约束求取效率结果，并不能保证各子阶段效率的唯一性。从海洋经济生产与环境治理的两阶段关系出发，Ding 等(2020)将生产与环境治理界定为合作关系，构建了一种两阶段博弈网络 DEA 模型，指出环境治理阶段的低效是导致整个海洋经济绿色增长效率受限的主要原因。

以上两篇文献均存在效率结果高估的问题，导致过多有效决策单元的出现。以两阶段博弈网络 DEA 模型为例，通过对结果的对比发现，其对各个省(区、市)的效率区分结果并不强，以 2013 年的数据结果尤为明显，天津、河北、辽宁、上海、江苏以及海南六个省(市)的综合效率与各阶段效率均为 1。难以实现对各评价单元效率结果的精准评判，而粗略地将各地区的效率均视为同质化显然失之偏颇。

(2) 网络 DEA 模型研究

已有研究表明，网络 DEA 模型能够较好地适配于海洋经济绿色增长过程的多阶段属性，较适合用于海洋经济绿色增长效率评价研究。本部分将重点对网络 DEA 模型研究进行梳理，为本书后续优化网络 DEA 模型精确测度海洋经济绿色增长效率奠定基础。网络 DEA 模型根据各个子系统之间的链接形式存在串联、并联等多种结构，并以串并联结构为基准，不断演化与发展(Liang 等，2008)。相较于并联结构而言，串联结构更能反映出经济系统中的上下游关系，在商业银行效率(Zhao 等，2021)、创新效率(朱慧明等，2021；李培哲和营利荣,2021)、经济绿色增长效率评价(Meng 和 Wang,2021)等问题上具有较好的应用。本书所提出的模型,也是以串联结构为基础,故重点对串联结构下的模型演进与发展进行简要综述。根据评价过程是否存在交叉互评,本书将网络 DEA 模型研究分为自评体系下的网络 DEA 模型研究以及交叉效率与网络 DEA 模型的融合研究两部分,综述如下。

① 自评体系下的网络 DEA 模型研究

自评体系下的网络 DEA 模型研究多基于各系统之间的相互关系进行综合建模。关于综合效率与子阶段效率的关系,主要包括两种分解思路,即乘法分解和加法分解。乘法分解认为综合效率为各子阶段效率的乘积(Kao 和 Hwang,2008)。如段永瑞等(2019)将商业银行效率分解为存款吸收与贷款发放两个阶段,并以两个阶段的效率乘积作为商业银行的综合效率。但这种乘法分解方式仅适用于规模回报不变(CRS)的情形,同时串联结构应是封闭的,即第一阶段的产出必须作为中间产出全部进入第二阶段,且不存在额外新投入,新增投入很有可能导致模型的非线性问题(Guo 等, 2017)。另一种为加法分解,即根据一定的准则赋予各阶段相应权重,通过子阶段加权和获取综合效率(Yao 等, 2009),这一方式在复杂网络结构中较为常见。姜秋香等(2018)对水资源利用效率的研究中,就利用了加法分解方法,将水资源利用划分为水土资源开发以及经济效益转化两个阶段。但是其对于各阶段关系的把握略显割裂,利用 CCR 模型对各阶段效率分别进行了测算求取,并通过两阶段效率的算术平均获取综合效率。

在现实中,经济系统可能更为复杂,如第一阶段的产出可以有部分最终产品流出系统。此外,第二阶段的部分投入可以源于系统外部,而不仅仅是来源于第一阶段的产出。后续研究则多关注于各子阶段之间的关系,并在基本串联结构(即第一阶段产出全部进入第二阶段并作为其全部投入)的基础上根据现实情况进行丰富和完善。如考虑第二阶段外部投入的存在,Xiao 等(2021)对资源型城市的生态效率进行了研究,构建了包含政府和生产部门的两阶段网络 DEA 模型,其中,政府部门负责提供公共产品和服务,而工业部门则利用资本、劳动联合政府提供的公共产品与服务负责工业生产活动。考虑两阶段网络中共享投入的情形,Chen 等 (2021)在综合效率最大化的前提下,利用加法分解方法,分别以第一阶段效率最大化和第二阶段效率最大化进行了模型构建与探索,并将之运用于大学的运行管理效率评价,将运行管理分为教学过程和研究过程两个阶段。

对于经济系统绿色增长两个阶段效率的研究也是网络 DEA 的重要研究

领域，学者们多根据污染物的产生与处理过程将经济增长划分为生产阶段与环境治理阶段，进而进行模型优化与创新。如任胜钢等(2018)将工业系统定义为经济、环境、能源三个部分，构建包含三部门的网络结构，探讨工业系统的绿色增长效率问题等。考虑非联合生产行为，Zeng 等(2020)借助物质平衡原理构建了一种新的 MBP 两阶段 DEA 模型，分析了在生产与末端治理两阶段网络情形下经济绿色增长效率及其减排潜力。在对我国工业体系的研究中，Zhang 等(2021)指出中国的区域工业体系包括生产和减排两个阶段，建立了一个动态的两阶段 DEA 模型来探讨中国区域产业系统的效率。

② 网络交叉效率研究

近年来有学者尝试将交叉效率与网络 DEA 模型进行融合研究，即网络交叉效率研究，但这一领域研究仍相对较少。现就其中的代表性文献进行归纳。

网络交叉效率模型与一般网络 DEA 相比，在自评基础上引入同行互评概念，避免了自评框架下“扬长避短”的权重分配导致的“伪有效”问题(向小东和赵子燎，2017)。在交叉效率框架下，针对模型二次目标设置问题，学者们通过对两阶段关系的厘定拓展了网络交叉效率模型。Kao 和 Liu(2019)将交叉效率的仁慈型策略引入网络效率模型，并对串并联的两种基本网络结构的交叉效率方法进行了探索研究，以乘法分解确定子阶段效率及其综合效率。Orkcu 等(2019)指出各决策单元并不关心其余主体的效率结果，故而将中立策略应用于基本串联网络结构的效率评价，规避了仁慈型二次目标与激进型二次目标的选择困难。Meng 和 Xiong(2021)认为可根据两个阶段的重要程度定义领导者与追随者，确定二次目标。从参与主体心理因素出发，吴辉等(2021)给出了基于前景理论的网络 DEA 交叉效率模型，但该模型仅对简单两阶段串联网络系统具有较好的解释能力，对于复杂网络结构的适配性不强。Wang 等(2021)认为各个决策单元之间的生产竞争关系，考虑到了第二阶段新投入以及第一阶段的最终产出，建立了两阶段博弈交叉效率模型，对工业污水的资源再利用效率进行了研究。基于理想化决策单元思想，Meng 和 Wang(2021)将TOPSIS－DEA 交叉效率模型引入两阶段评价过程，对我国省域经济的绿色增长效率进行了研究，但是，在 Meng 和 Wang(2021)的研究中，生产阶段与环境治理阶段效率的求取过程是割裂的，求取过程可能存在偏差。

以上网络交叉效率研究，多是以乘法分解确定子阶段与系统的综合效率，但是针对经济系统中的复杂网络结构关系，乘法分解的使用相对受限。为此，王美强和黄阳(2020)以加法分解作为子阶段与综合效率的链接，提出了一种中立策略，对存在共享投入情形下的两个阶段交叉效率进行了研究。薛凯丽等

(2021)以加法分解为基础,以第一阶段为领导者,第二阶段为追随者,运用理想点思想确定二次目标,对商业银行的两阶段交叉效率进行了分析。在当前生态文明建设背景下,有待于对网络结构进行适当的调整重构,构建适用于我国经济发展的目标与现实经济系统发展情况的网络交叉效率模型。

1.3.3 海洋经济增长效率影响因素研究

当前学者对于影响海洋经济绿色增长效率的研究主要考虑海洋产业结构、要素禀赋、海洋产业集聚、环境规制、海洋科技创新、外商投资等方面。

(1) 海洋产业结构

海洋产业结构对海洋经济增长效率的影响研究主要探讨海洋产业结构优化的作用及其对不同产业部门的影响。一般认为,海洋第三产业相较于第一、二产业,对于资源消耗更少,产业升级能够引致海洋经济效益的增多,同时,产业结构的变化倾向于减少污染(Wang 等, 2019)。在对辽宁沿海地区的研究中,宋强敏等(2019)指出海洋产业结构优化对海洋生态效率具有正向影响,纪建悦和王奇(2018)也认为产业结构海洋经济增长效率提升满足正向关系,且为线性的。但是许亮和徐忠(2019)则发现海洋产业结构变动没有对海洋经济生态效率产生明显影响。

(2) 要素禀赋

关于要素禀赋影响海洋经济绿色增长的研究,重点围绕物质资本、海洋资源、人力资源等方面展开,探讨各投入要素对海洋经济绿色增长的影响。基于空间杜宾模型,李帅帅等(2018)指出投资对海洋经济增长的影响为正,且具有空间交互效应;人力资本主要对本地区海洋经济增长产生作用,且二者为线性关系。盖美等(2016)指出海洋物质资本对绿色海洋经济增长效率具有促进作用。狄乾斌和徐礼祥(2021)发现,海洋资源对海洋经济发展具有负面影响,过于依赖资源在一定程度上可能导致海洋产业以第一、二产业为主,从而导致了海洋经济增长的低效率,邹玮等(2017)也认为过高的资源消耗会导致海洋经济增长效率的下降。但在对"海上丝绸之路"(MSR)沿线国家海洋经济增长效率的研究中,Zhao 等(2021)则发现资源禀赋对海洋经济增长效率有积极影响。从海洋要素扭曲入手,孙才志和林洋洋(2021)指出要素配置的不合理会对海洋经济增长效率提升产生负面影响。

(3) 海洋产业集聚

海洋产业集聚对海洋经济绿色增长效率的影响围绕海陆域经济水平以及海洋区位优势的作用展开。部分研究指出,海洋产业集聚对于海洋经济的影响是积极的,并以邹玮等(2017)的研究为典型代表。盖美等(2018)发现海洋经济区位熵对海洋经济增长效率具有门槛效应,当陆域经济水平偏低时会抑制海洋经济增长效率提升,而当陆域经济水平达到一定程度后则会反哺于当地海洋经济,推进地区海洋经济效率提升。王泽宇等(2020)指出海洋产业集聚优势主要对海洋第二产业具有提升作用。也有部分学者则认为海陆经济之间存在竞争关系,导致海洋产业集聚的作用为负。赵昕等(2016)指出陆域工业规模对海洋绿色经济效率具有显著负向影响,陆域经济发展也需要以资源为支撑,而海洋资源是其重要来源,同时陆域工业发展对海洋生态环境的损耗也会对海洋经济增长效率具有负面影响,导致了陆域经济规模与海洋经济增长效率之间存在此消彼长的关系。狄乾斌和梁倩颖(2018)认为尽管海洋经济系统依托于陆域经济体系,但过快的陆域经济发展会引致污染物的排放,对海洋经济增长效率具有负面影响。

(4) 环境规制

环境规制对海洋经济绿色增长效率的影响主要围绕环境规制的长期影响与短期影响,以及不同类型环境规制的差异性作用展开。孙鹏和宋琳芳(2019)指出,环境规制可以促进海洋经济发展,对海洋环境效率的提升具有促进作用。陈健(2021)探讨了环境规制对海洋经济绿色发展的影响,指出环境规制对海洋经济绿色增长具有时间效应,不仅在短期内可以提升海洋经济绿色增长的全要素增长率,且从长期看,这种促进作用更为显著;门槛模型的结果表明,当环境规制超过一定门槛值后,对海洋经济全要素生产率的提升作用更为明显。宋强敏等(2019)利用脉冲响应函数对海洋生态效率的影响因素进行分析,同样发现环境规制对海洋生态效率的正向影响存在滞后效应。但也有学者持有不同观点,盖美和展亚荣(2019)在借助空间计量模型对海洋生态效率的影响因素分析中则指出环境规制的影响并不显著。Chen 和 Qian(2020)从环境规制的类型出发,指出命令控制型环境规制与经济激励型环境规制对我国海洋制造业的影响是一致的。

(5) 海洋科技创新

海洋科技创新对海洋经济绿色增长效率的影响研究主要探讨海洋科技水平、海洋科技投入等对海洋经济绿色增长效率的影响。多数研究指出,海洋科技水平对海洋经济增长效率的影响为正。借助空间计量模型,盖美和展亚荣(2019)发现海洋科技水平可以显著提高海洋生态效率,特别是在海洋经济发展的早期阶段尤为明显。狄乾斌和徐礼祥(2021)明确了科技创新效率对海洋经济绿色增长的影响,指出海洋科技创新效率对通过地理距离与经济距离对本地以及相抵地区海洋经济增长产生影响。秦琳贵和沈体雁(2020)从线性和非线性双重视角明确了技术创新对海洋经济绿色增长的影响,利用差分GMM模型探明了科技创新对海洋经济绿色全要素生产率的积极作用,并以门槛效应模型明确了海洋科技创新投入的单门槛影响,科技创新投入累计达到门槛效应值后,其对海洋经济绿色增长的影响效应不断增强。赵昕等(2016)、韩增林等(2019)、李帅帅等(2018)均验证了海洋科技水平对海洋经济增长效率的正向作用。

(6) 外商投资

外商投资对海洋经济增长效率的研究主要探讨污染外溢与技术溢出的作用强弱问题。纪建悦和王奇(2018)指出外商投资对海洋经济增长效率的影响展现为U形关系。王泽宇等(2020)指出外商投资对海洋三次产业发展的影响不同,对第二、三产业具有正向影响,而对第一产业的作用则不甚显著。但也有研究指出,沿海地区的外资引入导致了环境的污染,掩盖了因技术外溢以及资本引入的经济福利,进而导致了对海洋经济增长效率的负面影响,邹玮等(2017)以及赵昕等(2016)的研究支持了这一观点。也有一些研究发现,由于污染引入与技术外溢的双重作用,外商投资对海洋经济增长效率的作用并不显著(狄乾斌和梁倩颖,2018)。

此外,也有部分研究关注了金融发展(Xu等,2019)、"一带一路"建设(王艳明等,2021)等对海洋经济增长效率的影响。

1.3.4 海洋经济绿色增长的提升路径研究

针对现阶段我国海洋经济增长过程中存在的问题,学者们对海洋经济绿色增长的提升路径进行了系列研究。根据提升路径的获取思路,其分为基于计量模型的提升路径研究以及基于定性分析的提升路径研究两部分。

(1) 基于计量模型的提升路径研究

部分学者以计量回归模型等获得的影响因素为基础,通过各影响因素对海洋经济绿色增长的作用,挖掘海洋经济绿色增长的提升路径。夏飞等(2019)对向海经济的驱动要素进行了研究,利用面板回归模型明晰了资本、科技、劳动、金融等因素对向海经济的驱动效应,并以此为基础提出优化产业布局、加强金融扶持、推进海陆一体化以及完善基础设施等对策,从而形成向海经济的提升路径。从数字经济入手,蹇令香等(2021)以偏效应模型为基础,对11个沿海省(区、市)的数字经济与就业水平、技术发展以及资本规模等经济要素对海洋产业的偏效应影响进行了探索,根据各地区与最优要素结合点的比较探寻适合不同省(区、市)海洋产业发展的路径。Zheng 等(2022)利用空间计量模型明确了不同类型环境规制对于海洋经济绿色增长效率的影响,并从海洋环境规制政策体系建设方面给出了路径优化方案。Su 等(2021)以 Bootstrap 面板因果关系分析为基础,指出金融发展与海洋经济增长之间的相互作用模式具有明显的区域差异,成熟的金融体系使海洋产业能够充分利用现有金融资源,有利于推动海洋经济增长,并据此给出了通过促进金融发展进而推进海洋经济增长的优化路径。

(2) 基于定性分析的提升路径研究

也有一些研究以定性分析为基础,通过分析海洋经济发展中面临的机遇或挑战,深入挖掘发展中遇到的问题,进一步对其可行路径进行归纳。根据低碳渔业所处的阶段与功能,岳冬冬和王鲁民(2012)给出了差异性的路径设计。孙康等(2016)借助多主体演化模型对海洋经济发展中的资源、环境、经济、社会四个子系统进行了模拟演化,并给出了“两步走”的海洋经济可持续发展路径。朱坚真和孙鹏(2010)根据海洋资源开发的迫切程度与开发难度构建动态变化矩阵,形成了五种类型的资源开发路径方案,并给出了相应的海洋产业管理重点。基于对地区发展机遇与挑战的剖析,赵昕和李慧(2019)提出将创新驱动、协调发展、湾区合作以及金融保障四个方面作为推动澳门海洋经济的高质量发展的路径设计要点。针对海洋经济的绿色转型问题,李志伟(2020)基于“生态+”理念在海洋产业中的嵌入与融合,从绿色制度顶层设计、海洋生态技术创新、海洋环境资源市场化管理以及绿色金融创新供给等方面给出了海洋经济绿色发展的路径。针对海洋生产补偿问题,万骁乐等(2021)根据我国现阶段经济发展的现实需求,从生态补偿的顶层体系重构、激励及监督体系的机制完善、陆海统筹多元协调三个维度出发形成我国海洋经济生态补偿政策体系的优化路径。

1.3.5 文献述评

本书对国内外海洋经济绿色增长效率评价及提升路径问题的相关文献进行了归纳总结。

第一,在绿色发展视角下的海洋经济增长效率评价中,投入产出指标选取存在较大差异,尚未形成统一标准。已有文献对于资本、劳动以及海洋生产总值的衡量已基本形成共识,但海洋资源消耗和环境影响等指标的选取仍然存在多种观点。现有研究多以沿海地区能源消耗总量比例折算或以海盐产量、海水养殖面积、渔获量等刻画海洋经济的资源消耗;以沿海工业废水入海量或通过海洋“三废”的加权综合指数等衡量海洋经济的环境污染,指标核算存在较大差别。同时,仅有少数文献探讨将环境治理因素纳入评价体系。因此,需要引入海洋环境治理因素,判断我国为推进海洋经济可持续发展的努力成效,恰恰是“中国式”海洋经济绿色增长效率问题的“特性”体现。

第二,现有海洋经济绿色增长效率的评价研究以 SBM 模型、超效率模型、Malmquist—Luenberger 指数模型等为主,但这些测度方法均将海洋经济看作一个系统,缺乏对其内部结构的关注。近年来,有学者将海洋经济系统划分为生产阶段与环境治理阶段,开始利用网络 DEA 方法剖析系统内部关系。但这些研究往往存在效率结果高估的问题,导致过多有效决策单元的出现,不利于发现各地区海洋经济绿色增长效率提升中存在的问题。因此,在沿海地区的差异化特征引导下,进一步探讨如何利用网络 DEA 模型与其他模型的优势互补,构建海洋经济绿色增长效率的精细化评价模型,是当前海洋经济绿色增长效率评价方法研究中亟待解决的问题。

第三,以往海洋经济绿色增长效率影响因素研究,侧重于分析对海洋经济绿色增长效率的整体影响。一方面,当前研究中对海洋经济绿色增长效率影响因素的指标选取主观性较强,缺乏对其内在机制的剖析。另一方面,现有研究往往关注各因素对海洋经济绿色增长效率的整体影响,并未注意到这些因素在作用于生产效率和环境治理效率时的差异性结果。因此,进一步细化各主要影响因素对海洋经济绿色增长效率,以及对其分解的生产效率与环境治理效率的作用关系,是当前海洋经济绿色增长效率影响因素研究中亟待解决的问题。

第四,目前对于海洋经济绿色增长效率提升路径的研究尚处于探索阶段。多数提升路径的研究均是基于影响因素提出政策建议,对提升路径的单独、系统性研究相对较少。从研究对象来看,学者多关注于海洋经济绿色增长,缺乏对海洋经济绿色增长效率的提升路径研究。从研究方法来看,现有研究仅以计量回归结果为基础进行优化方案设计,忽略了各影响因素间的相互影响与交互作用关系,降低了路径方案实施的有效性。因此,如何从多因素的联合作用关系出发,设计兼具多样化与实用性的海洋经济绿色增长效率提升路径,有待于进一步挖掘。

1.4 本书写作思路与章节安排

1.4.1 写作思路

为全面提高海洋经济的绿色增长效率,就需要着重解决海洋经济绿色增长效率的动力机制及其可持续性问题。海洋经济绿色增长效率是系统性与复杂性的统一，这也为海洋经济绿色增长效率的提升路径分析提供了思路。一方面，从海洋经济绿色增长效率的系统性特点出发，海洋经济绿色增长效率提升路径分析不仅需要关注如何提升海洋经济绿色增长的整体成效(即提升海洋经济绿色增长效率)，也需要明确海洋经济生产效率与环境治理效率受何影响以及如何影响。另一方面，基于海洋经济绿色增长效率的复杂性特点，对于海洋经济绿色增长效率影响因素与提升路径的研究则需要考虑海洋产业结构、清洁能源利用、海洋产业集聚等主要影响因素的作用与相互影响。

综合海洋经济绿色增长效率评价维度分析与海洋经济绿色增长效率提升路径分析，本书构建了基于生产环节与环境治理环节的海洋经济绿色增长效率分析框架，确定了本书的写作思路，如图 1-1 所示。

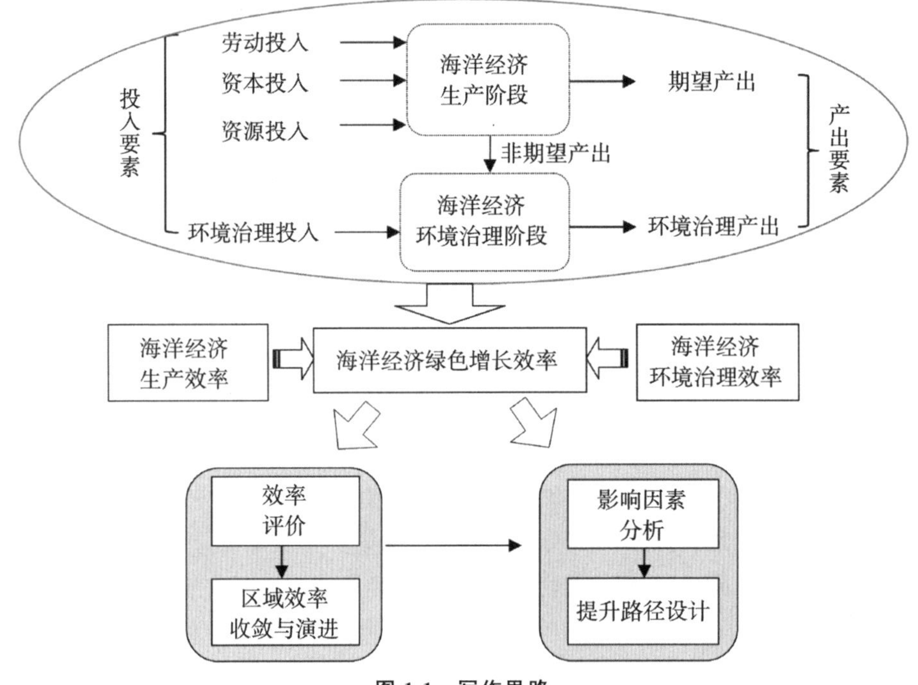

图 1-1　写作思路

本书的写作思路，体现了在“海洋强国”“高质量发展”“区域协调发展”等战略背景下，海洋经济绿色增长过程中海洋经济生产与环境治理的协同。本书可对“我国海洋经济绿色增长效率如何测度”“我国海洋经济绿色增长效率如何演变”“海洋经济绿色增长效率受何影响”“海洋经济绿色增长效率如何提升”等关切海洋经济绿色增长效率的核心问题进行系统回答。

首先，回答“我国海洋经济绿色增长效率如何测度”问题，即海洋经济绿色增长效率的评价。海洋经济绿色增长效率的评价既需要考虑海洋经济增长中生产环节与环境治理环节的要素利用特点与关联关系，也需要考虑在绿色增长的背景下经济发展与环境保护目标的权衡。

其次，回答“我国海洋经济绿色增长效率如何演变”问题，即对海洋经济绿色增长效率的收敛特征与动态演进进行分析。在区域协调发展的背景下，我们不仅要追求较高的海洋经济绿色增长效率，同时也需要关注区域间的效率差距，对效率的收敛态势与演进方向进行把握。

再次，回答“海洋经济绿色增长效率受何影响”问题，即海洋经济绿色增长效率影响因素的分析。海洋经济绿色增长效率是多种因素影响作用的结果。本书将给出影响海洋经济绿色增长效率的主要因素，并探讨这些因素如何作用于生产效率和环境治理效率。

最后，回答“海洋经济绿色增长效率如何提升”问题，海洋经济绿色增长效率提升路径设计研究。海洋经济绿色增长效率的提升是多种因素共同作用的结果，是融合了多种因素的组态效应问题。海洋经济绿色增长效率提升路径的设计，也必须从整体性与协同性视角出发，系统考虑各因素之间的相互依赖特征与复杂因果关系，给出路径提升方案。

1.4.2 章节安排

本书核心研究内容主要包括以下七个部分。

第一部分，研究背景与国内外研究回顾。该部分首先对本书研究的背景进行了简要介绍。其次，从理论意义与现实意义两方面阐述本书的研究价值。最后，对与本书研究相关的国内外研究进展进行系统回顾梳理，主要包括单阶段的海洋经济增长效率评价研究、多阶段的海洋经济增长效率评价研究、海洋经济增长效率影响因素以及海洋经济绿色增长提升路径的研究等方面的文献。通过对已有文献的梳理，分析明确当前海洋经济绿色增长效率评价及提升路径领域研究的不足，从而为后续研究提供参考与指导。

第二部分，海洋经济绿色增长效率的理论分析。首先，梳理经济增长理论、环境经济学理论、可持续发展理论、复杂系统理论等相关理论。其次，明确海洋经济绿色增长的内涵，系统阐释海洋经济绿色增长效率的内涵与特点。再次，从生产可能性边界入手，从投入导向与产出导向构建基于生产环节的海洋经济绿色增长效率分析框架。最后，引入环境治理环节，搭建基于生产环节与环境治理环节的海洋经济绿色增长效率分析框架。

第三部分，基于生产环节的海洋经济绿色增长效率评价。首先，构建基于中立策略的交叉效率模型，使其适用于在资源环境约束下的海洋经济绿色增长过程中生产环节的效率评价研究。其次，基于海洋经济生产特点，构建投入产出指标体系。最后，从总体特征、区域差异以及动态演变等多维度分析海洋经济的生产效率。

第四部分，基于生产与环境治理环节的海洋经济绿色增长效率的评价。首先，构建新的基于中立策略的生产－治理两阶段交叉效率模型，阐释我国海洋经济绿色增长效率及其分解的生产效率、环境治理效率。其次，基于我国海洋经济特征，科学选择投入产出指标。最后，以 2006—2018 年为样本期，从时间和区域双重维度对我国海洋经济绿色增长效率、生产效率和环境治理效率进行测度和分析，研判“十一五”“十二五”“十三五”规划重大战略对我国海洋经济绿色增长的影响。

第五部分，海洋经济绿色增长效率收敛性分析与动态演变趋势分析。首先，对海洋经济绿色增长效率进行 σ 收敛检验，厘清区域海洋经济绿色增长效率差异演变特征。其次，借助绝对 β 收敛以及条件 β 收敛模型，检验 11 个沿海省（区、市）及各海洋经济圈海洋经济绿色增长效率的追赶效应和区域稳态。最后，利用核密度估计与马尔科夫链方法，剖析我国海洋经济绿色增长效率的整体演进方向和个体转移趋势。

第六部分，海洋经济绿色增长效率的影响因素分析。首先，明确海洋产业结构、清洁能源利用、海洋环境规制等关键因素对于海洋经济绿色增长效率的作用机制。随后，借助面板回归模型挖掘这些关键因素对海洋经济绿色增长效率，以及生产效率和环境治理效率的具体影响。

第七部分，海洋经济绿色增长效率提升路径的设计。首先，遴选海洋经济绿色增长效率提升路径的研究方法。其次，分析是否存在单项因素可作为解释高效率产生的条件。最后，从多影响因素联合作用入手，利用 fsQCA 方法设计海洋经济绿色增长效率的提升路径，并给出相应的政策建议。

第八部分，结论与展望。总结前文围绕海洋经济绿色增长效率的评价与提升路径的研究，并对后续研究进行展望。

2 海洋经济绿色增长效率的理论分析

提高海洋经济绿色增长效率，是实现海洋经济高质量发展的关键。目前对海洋经济绿色增长效率的研究大多以实证研究为主，缺少对海洋经济增长效率影响机制的探讨。本部分首先以经济增长理论、环境经济学等为研究起点，对相关理论进行简要梳理；以经济绿色增长为起点，对海洋经济绿色增长效率及其内涵进行探讨。其次，从生产可能性边界入手，从投入导向与产出导向构建基于生产环节的海洋经济绿色增长效率分析框架。最后，探讨引入环境治理，建立一个基于生产环节与环境治理环节的海洋经济绿色增长效率分析框架，为本书开展后续研究奠定基础。

2.1 相关理论基础

2.1.1 经济增长理论

自 1776 年《国富论》出版以来，围绕经济增长的讨论一直是经济学的热门话题，海洋经济绿色增长效率的研究本质也是对经济增长问题的探讨，故此对经济增长理论进行简要梳理。

(1) 古典经济增长理论

古典经济增长理论的代表人物主要是亚当·斯密、大卫·李嘉图等，重点探讨劳动、资本在产出中的作用。亚当·斯密认为，经济增长的关键在于以劳动分工提高生产效率以及通过储蓄增加形成资本积累。亚当·斯密打破了重商主义以货币量增加表征经济增长的“货币幻觉”，将经济增长的重点聚焦于实际生产领域，认为分工是经济增长的起点。分工的精细化有利于产出增加，推进资本利润与劳动者工资的正向变动，进一步使得人均消费与收入的增加最终表现为一国财富的提高。而从储蓄的角度来看，又能使储蓄率上涨从而助推资本积累，故而形成循环往复的经济增长过程。大卫·李嘉图更关注收入分配在经济增长中的作用，认为由于"规模报酬递减"的存在，经济增长将会收敛于某一特定状态，这也为新古典生产函数边际递减规律提供了参考。马尔萨斯则从人口增长的角度对经济增长问题进行了解读，认为随着人口规模的持续扩张会导致人均资本存量的不断缩减，即"人口陷阱"。古典经济增长理论围绕劳动价值理论，初步认识到了资本、劳动以及分工产生的效率提高在经济增长中的作用，但过于依赖资本积累的作用，且并未注意到技术进步对经济增长的影响，因此，古典经济增长理论往往认为经济增长具有不可持续性。

(2) 新古典增长理论

工业革命以后，以马尔萨斯人口理论等为代表的古典经济学无法对经济增长过程中的人均资本存量、生产率变化等给予合理解释，新古典增长理论应运而生。新古典增长理论从"效用价值论"出发，创建了边际效用价值理论与边际分析法等，对经济增长问题进行了重新分析(阿瑟·刘易斯，2015)。以罗伯特·索罗为代表创建的索罗模型被视为经济增长理论的主要分析范式，该模型假定经济处于完全竞争状态，生产函数满足规模报酬不变且生产要素符合边际报酬递减规律。索罗假定技术外生，将资本与劳动视为两大关键投入要素，对经济增长中资本和劳动的作用与相互关系进行了探索。索罗模型指出，技术进步是确保经济长期增长的关键，从长期来看，人均增长率水平将最终绝对收敛于技术进步率。

(3) 新增长理论

20 世纪末，罗默、卢卡斯等经济学家尝试将技术进步内生化，以内生经济增长模型解释经济增长现象，开创了新增长理论。新增长理论假定经济制度外生，并认为政府应当对经济进行适当调节。新增长理论打破了新古典增长理论中以劳动、资本、资源量等作为经济增长动力来源这一结论，强调人力资本、国际贸易、知识溢出、制度管理等因素对经济增长的影响(王弟海等，2021)。新增长理论认为，经济增长将达成条件收敛，换言之，制度条件等特征相似的国家最终将达到相近的人均收入水平。同时，也指出，由于知识溢出等的存在，经济增长可能不再面临边际收益递减规律，这为经济的持续增长创造了可能。

海洋经济绿色增长效率的研究，实质上也属于经济增长的研究范畴，对经济增长理论的梳理、海洋经济绿色增长效率研究理论框架的搭建具有重要参考意义。一方面，海洋经济也属于国民经济的一部分，其在资本、劳动等要素的利用与国民经济具有一致性；但同时，海洋经济的环境敏感性更强，对资源环境的依赖性更显著，更需要以环境治理等方式来确保海洋经济的持续稳定。因此，对于海洋经济绿色增长问题的研究也需要考虑海洋经济的独特性，搭建一套适合海洋经济的绿色增长效率研究框架。

2.1.2 环境经济学理论

环境经济学起源于20世纪中期，西方国家工业化进程的加剧引发了较为严重的环境问题，尽管投入了大量资金用于环境污染治理，但并未取得显著成果。为此，学者们认识到资源环境系统与经济增长之间可能存在相互制约依存关系，并反思以往经济增长理论的局限性，探索将环境科学领域的相关理论与经济学研究相融合，对经济发展与资源环境之间的互动均衡以及资源开发利用问题展开研究，并逐渐形成了系统的环境经济学理论体系。

环境经济学理论利用经济学分析思路与方法，以资源环境与经济系统之间的作用关系为研究重点，对现实经济发展中的环境经济问题、影响与支撑政策进行研究。环境经济学理论以帕累托效率与外部性理论为理论缘起，现已包括了环境资源价值理论、物质平衡理论、外部性理论以及可持续发展理论等内容（陈志等，2017）。与传统经济学分析相比，环境经济学理论更注重当前福利与长期福利、局部最佳与全局最优、经济发展与生态平衡的综合考虑，更符合当前我国经济高质量发展的整体思路。环境经济学提出将环境作为一种稀缺资源，并指出经济增长与环境保护之间是紧密联系的，二者不可割裂，并尝试给出环境污染的外部性的解决思路，探寻实现帕累托最优与经济环境的可持续性。

当前关于海洋经济绿色增长效率问题的探索已成为海洋经济领域研究的关键问题，海洋经济绿色增长的关键即实现海洋经济发展与海洋环境保护之间的协调，环境经济学对于资源环境与经济发展的定位关系为本书研究的开展提供了理论参考，同时环境经济学中的经济分析工具也为更好地处理海洋经济绿色增长效率问题提供了较好的技术支撑。

2.1.3 可持续发展理论

可持续发展理念源于人类对生产生活方式的反思。随着经济社会的不断发展，人口规模不断扩大，人类在开发、利用资源的同时，对其无节制的不当使用会导致污染事故频发，引发了人类社会对经济资源环境可持续性的思考。1987年，联合国白皮书《我们共同的未来》正式提出了"可持续发展"的概念，指出人类在开发利用资源的过程中不应损害后代人的需求。1992年，以"可持续发展"为核心思想，联合国环境与发展会议颁布了《21世纪议程》《里约环境与发展宣言》，号召世界各国推进国际合作，并根据各自国情制定相应的"可持续发展"政策，自此，可持续发展成为人类社会发展的重要目标。

可持续发展强调在资源环境承载范围内以最小化环境成本获取最大化社

会福利,强调经济发展、社会发展以及资源环境的协调统一,并强调代际公平与区域协调(樊越,2022)。

(1) 经济可持续

经济可持续强调经济发展不应仅以经济规模与数量增长为目标,而应该关注经济增长的质量与效率。在可持续发展理念下,经济增长应破除传统高污染、高消耗的粗放式发展模式,转而提倡清洁生产,以集约式绿色化生产模式实现资源节约、环境保护、生产高效、治理有度。

(2) 资源环境可持续

资源环境可持续关注经济增长是否在环境承载范围,强调经济发展与资源环境的耦合协调。经济增长不能以损坏环境为代价,应以可持续的模式开发利用资源,经济发展需要将资源环境成本纳入考虑范围。

(3) 社会可持续

社会可持续侧重于实现社会公平与区域协调,是相较于经济可持续与资源环境可持续理念下更高层次的发展目标。从世界范围来看,各个国家与地区由于处于不同的发展阶段,其可持续发展目标也有所差异,但从本质上来讲,都应以提升人类生活质量,打造公平、自由、安全、平等的社会环境为目标。

我国在海洋经济发展过程中也面临着资源环境问题,以往粗放式的发展模式导致了沿海地区海洋生态环境的严重污染,对海洋经济的可持续发展产生了消极影响。在经济可持续指引下,海洋经济发展不应简单以总量增加为目标,而更应关注海洋经济绿色增长效率水平的高低;在资源环境可持续引导下,海洋经济绿色增长应注重生产与环境治理的全面协调;而社会可持续目标则指引我国海洋经济绿色增长效率应注意区域差距的演变,注重区域协调,实现海洋经济发展共享。

2.1.4 复合系统理论

复合系统理论由我国学者马世俊提出,源于系统论思想。系统论强调整体性理念,将研究对象作为一个整体,从系统性视角出发探索其内部要素之间的彼此作用与相互依存关系,探讨实现系统最优。系统具有层次性、整体性、动态性、关联性等特征,在不同的研究目标下对系统的要求也具有较大差别。因此,对系统内部微观结构的研究,往往将复杂系统进行拆解,划分为若干个子系统,并对子系统内部以及子系统之间的结构进行分析(蔡之兵,2020)。

复合系统理论是系统论思想在经济研究领域的深化。复合系统理论认为人类及其所生活的环境构成一个复杂的系统,这一复合系统包含经济、社会、环境等子系统，子系统内部保持其相对运行规律，同时子系统之间又相互作用构成一个整体。复杂系统理论指出人类发展所属的这一复杂系统是由多个子系统及其要素组成的有机整体，各个要素之间以特定形式相互链接并相互作用，系统所具有的功能并不是单个要素作用的简单加总，只有在多因素的交互影响下系统的作用才能得以发挥。

复合系统理论思想给出的整体性与联系性思想为解决经济管理以及自然科学问题提供了较好的思维模式，可作为理论研究的思想源头。在开发、利用和保护海洋资源的过程中经济、资源环境以及科技等因素也彼此影响与相互作用（尹紫东，2003）。在海洋经济从高速增长向高质量增长迈进的过程中，海洋经济增长目标的改变必然需要整个海洋经济系统做出调整，为实现海洋经济绿色增长效率提升的目标，也需要借助复杂系统理论思想探索海洋经济、资源环境以及科技等因素对海洋经济绿色增长效率的作用与影响规律。

2.2 海洋经济绿色增长效率的内涵与特点

2.2.1 海洋经济绿色增长的内涵

(1) 绿色增长的内涵

“绿色”是指资源的节约与环境的保护，或代指“绿色化”，即某一空间范围内自然资本的稳定及改善（Lehmann 等，2022）。“增长”是对经济增长的简称，即经济产出的增加、社会总福利的改善。绿色增长源于人类为应对能源危机与环境问题而进行的探索，恶性环境事件的频繁发生使得人们从追求“热增长”向全面可持续发展的绿色增长转化，并开始了对于绿色增长的探索。2009 年经济合作与发展组织（Organization for Economic Co-operation and Development，OECD）正式将绿色增长定义为推动经济增长与社会发展的同时，可确保资源环境系统的可持续性，能够避免出现生物多样性的丧失以及环境质量的恶化的增长模式，并进一步从生产、资源、消费、政策等维度确立了绿色增长的检验标准，使得“绿色”与“增长”实现了有机融合。此外，学者们与相关机构也对绿色增长进行了广泛讨论，较具代表性的论述见表 2-1。

表 2-1 关于绿色增长的代表性论述

出处	观点
联合国亚太经济社会委员会环境与发展部长会议(2005)	绿色增长是以实现低碳化和全社会成员共同发展为目标的环境可持续的经济增长模式
世界银行(2012)	绿色增长是高效利用自然资源、最大限度减少污染和环境影响并对自然灾害具有一定前瞻预防性的经济增长
经济合作与发展组织《经济增长宣言》	绿色增长意味着促进经济增长和发展,同时确保自然资产能继续为人类生产生活所依赖的资源和环境服务
张旭和李伦(2016)	绿色增长是链接经济增长与环境资源可持续的重要桥梁,是一种以可持续的方式利用自然资源发展经济的经济增长模式
王珞琪等(2017)	狭义的绿色增长强调经济发展与环境保护统一,是对资源利用模式的调整优化以及资源再生系统的保护与恢复;广义的绿色增长则是指经济增长、社会发展以及环境保护的统一,注重人与自然以及社会公平
刘宇峰等(2022)	绿色增长是一种动态过程,通过自然资源、社会经济等要素的有效使用与协同推动地区生产和消费模式变革,从而趋向于污染减排、资源利用高效、经济增长、社会公平,最终达到人与自然、社会的和谐统一

(2) 海洋经济绿色增长的内涵

海洋经济是开发、利用和保护海洋的各类产业活动,以及与之相关联活动的总和。① 海洋经济作为国民经济的重要组成,也面临经济增长与环境保护的双重目标。海洋经济的绿色增长,是协调经济发展与环境保护的增长,是在实现海洋产业发展的同时,兼顾海洋生态系统多样性、可持续开发利用海洋资源前提下的增长。海洋经济绿色增长利用资本、劳动与海洋资源等生产要素,通过一系列的海洋经济生产活动,获取相应的海洋经济产出,并通过环境污染治理,最大限度地降低其环境影响,从而实现海洋活动的经济福利与生态福利的最优状态。海洋经济绿色增长具有如下内涵。

第一,海洋经济绿色增长的重点还是增长,但这种增长是对传统增长模式的革新与突破,强调增长的可持续性。

以往经济增长理论虽然将资源环境因素融入经济增长的体系框架之中,但

①中华人民共和国国家标准《海洋及相关产业分类》(GBT20794—2021)。

往往将其视为一种投入要素，与劳动、资本等生产要素等通化处理，并未赋予较高权重，且认为可以通过技术进步、要素替代等方式弥补资源环境的不足。作为世界上最大的发展中国家，我国发展经济的首要任务仍是解放和发展生产力，但这一增长不能以牺牲环境为代价，无论是五位一体总体布局中的生态文明建设，还是新发展理念中的绿色发展，均强调了“绿色”这一增长底色。海洋经济绿色增长，强调海洋资源的可持续利用，将资源环境视为经济增长的前提条件，形成海洋经济与海洋资源环境系统的和谐统一，是对可持续发展理念的贯彻与深化。

第二，海洋经济绿色增长是经济发展与环境保护协同的增长。

海洋经济绿色增长更注重海洋经济系统与海洋资源环境系统的协调，兼顾经济发展与环境保护。新时代下海洋经济的绿色增长是“绿水青山就是金山银山”理念的贯彻与实践，可有效缓解经济增长与环境保护的矛盾，实现经济与环境的协调。从市场化资源配置视角来看，随着资源环境约束的逐渐显著，海洋资源作为一种生产要素，必然伴随价格的上涨。在价格机制下，这将推动企业提高生产效率，以减少资源消耗。对于环境治理企业而言，加大资源环境约束为其创造了更大的市场，从而增加了利润空间，更有助于激励其进行环保控制工艺技术研发。这在很大程度上也缓解了环境压力，在经济生产与环境治理的双向作用下，进一步助推了海洋经济的绿色增长，形成海洋经济发展与海洋环境保护的共赢。

第三，海洋经济绿色增长是区域差距可控下的区域协调增长。

与陆域经济相比，海洋经济更为开放。由于海洋资源所具有的连通性与流动性特点，除海底矿产与岸线资源不可移动外，多数海洋资源均具有较强的流动性特点(徐敬俊和韩立民，2007)。如海洋水体的连通性使得区域之间海洋经济的交互性更强，一个地区发生海域污染事件也会快速蔓延至周边地区。海洋资源特性使得海洋经济的绿色增长更需要注重区域之间的协调与沟通，建立整体意识，统一规划，实现区域之间的协调，避免出现过大的区域差距，以协同提升海洋经济绿色增长。

2.2.2 海洋经济绿色增长效率的内涵

(1) 经济增长效率的内涵演进

“效率”是经济学长期关注的焦点问题，亚当·斯密早在《国富论》中就提出了以分工促进效率提高的观点。经济学的核心要义即研究稀缺资源的有效配置，而效率本身就在于度量资源的有效配置程度。对于一个经济系统而言，其有效状态就是指一种资源配置的最佳水平，在该状态下，任何改变都不会使得系统状态变得更好，这种系统最优状态就称为帕累托有效（Pareto Optimality）。帕累托有效也是当前福利经济学研究中经济系统运行效率的判断准则（叶晓佳和孙敬水，2015）。

效率是经济系统中投入产出关系以及成本收益关系的直观反馈。从成本收益关系来看，经济系统的有效即给定收益下的成本最小化或单位成本下的收益最大化，这种对于效率的认定也称为经济效率。Farrell（1957）指出，效率是既定产出下理想决策单元的最小可能的要素投入与实际要素投入之比，这一定义从投入视角出发，阐述了生产技术的可达性问题，后续研究将这种效率界定为技术效率。与之相对，Leibenstein（1966）指出，从产出角度来看，技术效率是单位要素投入下决策单元实际产出与理想化决策单元最大产出能力之比。技术效率量表征了生产者产出活动中对其前沿生产（最大潜在产出能力）的接近程度，是对经济系统中经济单元现有技术水平利用程度的重要反馈（毛世平，1998；Rawat 和 Sharma 2021）。

学者们后来以技术效率为基础，关注经济系统的投入产出关系，对效率研究进行了进一步的拓展。为量化经济增长的质量，在效率研究的基础上演化出了经济增长效率的概念。一般认为，经济增长效率就是经济增长的技术效率，反映了在一定的技术环境下经济系统对生产要素的最大利用能力（徐杰和朱承亮，2018）。傅元海等（2016）指出，经济增长效率可通过固定投入下产出的增加或固定产出下投入要素的缩减予以表现。

传统经济增长效率研究多考虑资本、劳动等传统生产要素在经济增长中的效能。随着经济社会对于绿色发展、资源环境可持续发展的持续关注，生态效率（Xue 等，2021）、环境效率（杨小娟等，2021）、能源效率（Meng 和 Qu，2021）、环境治理效率（温婷和罗良清，2021）、经济绿色增长效率（Liu 等，2022）等概念不断出现，这些效率概念大都考虑了经济发展过程中对于资源的消耗与环境的损耗，将资源环境要素纳入投入产出评价体系，体现了经济绿色增长的某一方面，是经济绿色增长效率的重要组成。经济绿色增长效率是对以往传统经济增长效率的修正，是对经济增长过程中资源消耗与污染抑制能力的反映，即在尽可能实现资源节约的前提下，最大可能地保障经济增长，同时尽可能减轻其环境影响（Yang 和 Ni，2021）。孙博文等（2018）指出，经济绿色增长效率将“坏产出”纳入经济增长效率的评价过程，经济绿色增长效率的提高是经济高质量发展的重要体现。

(2) 海洋经济绿色增长效率的内涵

在海洋强国建设背景下,海洋经济绿色增长兼具海洋经济增长与海洋环境保护双重目标。不仅需要注重经济总量提升、环境治理改善目标的实现,更需要关注目标实现的最佳过程,即保证海洋经济增长过程的高效率。效率评价作为一种辅助决策工具,其目的在于厘清各地区在经济增长过程中存在的优势与短板,为改进管理模式与方法提供支撑,从而实现经济增长成效的稳定改善。海洋经济绿色增长效率是对海洋经济绿色增长有效程度的一种衡量,反映了一个地区海洋经济绿色生产的能力,以实现经济持续增长、经济发展与环境保护协同、区域协调增长为目标。

笔者认为,海洋经济绿色增长效率是对海洋经济活动中所投入的资本、劳动、海洋资源、环境治理等各项要素资源及其造成的环境影响与其提供的各项产品与服务等相关产出之间投入产出关系的反映。从产出角度来看,海洋经济绿色增长效率表征了单位投入带来的实际海洋经济的增长效果,这种增长效果既包含经济产出又包括环境产出。从投入角度来看,则反映了其在单位海洋经济产出水平下对资本、劳动、海洋资源、环境治理的投入资源的要素消耗与环境影响。

本书所研究的海洋经济绿色增长效率不仅关注海洋经济绿色增长的整体成效,还致力于明确海洋经济生产、环境治理等具体环节的效率表现,是“绿色”与“增长”的全面融合,是全面体现海洋经济稳定增长与海洋资源环境持续改善的综合性指标。这一概念的给出可视为经济增长理论在海洋经济领域的有益拓展。

2.2.3 海洋经济绿色增长效率的特点

海洋经济绿色增长效率兼具相对性、系统性与复杂性的特点。

(1) 相对性

海洋经济绿色增长效率的相对性体现在效率定义以及测度方法等方面。从概念上来看,海洋经济绿色增长效率实质上即为实际产出与理想产出水平之间的比值,或最优投入与实际投入之比,这种比值化定义也表现出了效率的相对性特点。从测度方法上来看,无论是数据包括分析还是随机前沿分析,均是基于以样本数据构建生产前沿,依据各决策单元与前沿生产的偏离程度确定效率结果。因此,海洋经济绿色增长效率的评价结果也会受到样本范围的影响,是在一定的评价范围内的相对效率水平,所谓的高效率与低效率是相对概念,而非绝对化体现。

(2) 系统性

海洋经济绿色增长效率是对一定区域内海洋经济生产以及环境治理等环节要素利用有效性的系统性衡量。本书给出的海洋经济绿色增长效率,不仅追溯了海洋经济最终产品与服务的产生过程,也进一步追踪至污染物的处理与再利用,系统反馈了海洋经济的环境影响,体现了整个海洋经济体系中海洋资源、海洋资本以及劳动等要素的配置效果与污染治理成效。因此,海洋经济绿色增长效率更具系统性,可全面反映海洋经济绿色增长的质量。

(3) 复杂性

海洋经济活动的复杂性决定了海洋经济绿色增长效率的复杂性。海洋经济绿色增长效率的高低受到多因素的共同作用,这种多因素的相互影响关系导致了海洋经济绿色增长效率的复杂性。一方面,海洋产业结构、能源利用方式、海洋区位结构以及城镇结构等经济社会因素的变动会对地区海洋经济生产要素的供给产生影响,从而对海洋经济绿色增长效率产生作用,是导致海洋经济绿色增长效率复杂性的一大来源;另一方面,地区技术水平的变动、海洋经济环境规制政策等也会对海洋经济绿色增长效率产生影响,则是导致海洋经济绿色增长效率复杂性的另一来源。

2.3 基于生产环节的海洋经济绿色增长效率分析框架

基于生产环节的海洋经济绿色增长效率评价,主要探讨在资源环境约束条件下海洋经济绿色生产行为的有效程度。

2.3.1 生产可能性边界的设定

效率分析主要目的在于探讨生产行为是否有效。与传统经济理论研究不同,效率分析主要根据前沿生产函数确定各决策单元的效率水平。前沿生产函数,又称边界生产函数,是对给定投入与其最大潜在产出关系的描述。图 2-1 描述了一种最简单的生产情形,考虑一种投入要素以及一种产出要素的生产情形。有效生产单元位于前沿生产函数上,如点 B 和点 C。而无效生产单元则位于有前沿生产函数包络产生的生产可能性区域之中,如点 A 与点 D。在给定技术水平 T 下,给定投入 $x(x\geqslant 0)$ 都有唯一的最大可能产出水平 Y。

$$Y=f(x)=\max y$$
$$s.t.(x,y)\in T \tag{2-1}$$

式中,$f(x)$为前沿生产函数,y 为给定投入 x 的可能生产水平。前沿生产函数的拟合以为数据包络分析方法(Data Envelopment Analysis,DEA)最为常见。

与以往参数方法不同,DEA 方法不需要提前设定函数形式,可根据决策单元的实际投入产出数据,生成生产技术集合,并利用线性规划原理,形成生产前沿。

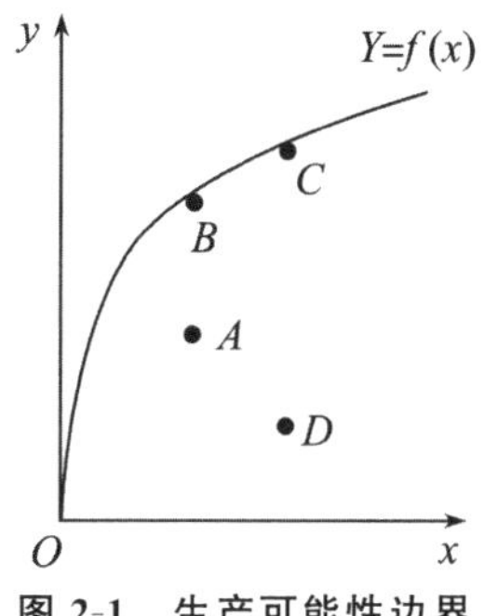

图 2-1 生产可能性边界

在效率评价过程,往往以生产技术集合 T 对前沿生产函数包络形成的生产可能性范围进行描述。假定投入集合与产出集合分别为 X 和 Y,则生产技术集合可以表示如下:

$$T=\{(X,Y):X \text{ 能生产 } Y\} \tag{2-2}$$

生产技术集合包含了所有被评价决策单元,涵盖了所有可行的投入产出组合。其边界为每一产出水平下最大产出能力,即生产可能性前沿。效率分析的基本思想就是探讨各决策单元是否位于生产可能性前沿,并探讨如何向生产前沿靠近。

基于生产环节海洋经济绿色增长效率分析,重点在于追踪海洋生产总值的产生过程。分析各决策单元生产过程中海洋资本 K、劳动 L、海洋资源 R、环境污染 B 以及期望产出 Y 之间的比例关系,挖掘海洋经济绿色增长效率提升路径。其生产技术集合可以表示为:

$$T=\{(K,L,R,Y,B):K,L,R \text{ 能生产 } Y \text{ 与 } B\} \tag{2-3}$$

由于生产过程的复杂性,各个投入产出要素的地位与作用并不相同。为探寻各生产要素的差异性作用,本书将从投入导向与产出导向同时入手,搭建基于生产环节海洋经济绿色增长效率分析框架。

2.3.2 投入导向下海洋经济绿色增长效率提升路径分析

海洋经济生产环节,以生产性企业为主体,利用海洋资本、劳动联合海洋资源产出海洋生产总值,并产生一定的环境污染。从投入导向入手,重点探寻海洋经济资本投入、劳动投入等传统投入要素以及海洋资源投入在海洋经济绿色增长效率提升中的作用。由于各种投入要素在海洋经济绿色增长效率提升过程中发挥的作用略有不同,本部分将从海洋经济资本与劳动投入下的生产效率分析、考虑海洋资源约束的生产效率分析两部分展开。

(1) 海洋经济资本与劳动投入下的生产效率分析

考虑海洋资本 K 与劳动 L 两种投入情形下的海洋经济生产系统，由于资本与劳动均不具备环境污染属性，故仅考虑期望产出 Y。投入导向下的海洋经济绿色增长效率分析，假定在不减少期望产出的前提下，探讨为实现生产有效，各决策单元资本与劳动要素的最大节约程度。如图 2-2 所示，QQ' 为等产量线，该曲线上各点的产出水平均一致。QQ' 上各点生产均有效，效率水平为 1；A 点的生产则是相对无效的，其效率水平可以表示为：

$$E_a = OB/OA \tag{2-4}$$

图 2-2　资本与劳动投入下的海洋经济生产效率分析

当不存在资源约束时，海洋经济生产效率会根据资本、劳动等投入要素的不断调整而相应改变，直至达到最有效的状态，各决策单元生产效率的有效具有可实现性。同时，在生产有效状态下(即当决策单元调整至生产前沿面时)，只要按照一定比例增加生产要素，海洋经济可以保持长期增长。

(2) 考虑海洋资源约束的生产效率分析

经济学对经济增长与资源约束的探讨由来已久，早在新古典理论中马尔萨便提出了自然资源稀缺论。1972 年，梅多斯在《增长的极限》一书中更是指出资源的消耗及其引发的环境污染将导致经济的不断衰退。自此，学者们开始将资源要素从资本中剥离，作为一种单独的生产要素，考察其在经济增长中的作用(曹玉书和尤卓雅，2010)。

海洋资源是海洋经济发展的重要基础，并对海洋经济生产具有较强的约束作用。海洋资源包括海洋潮汐、波浪在内的海洋能资源，鱼、虾、蟹、贝等海洋生物资源，海洋石油、煤炭等海洋矿产资源，以及港口岸线资源等海洋空间资源等(宋丹凤等，2021)。目前我国海洋资源利用仍以传统资源为主，海洋能资源等可再生资源在产值创造上的比例相对有限。海洋生物资源尽管属于可再生资源，但其持续利用能力受人类活动的影响，一旦超过可再生阈值将不再具有可再生能力。因此，海洋资源要素的这一约束性属性较为明显。

在有限海洋资源的前提下，投入导向下的海洋经济绿色增长效率如图 2-3 所示。其中，横坐标代表劳动与资本的组合，纵坐标为海洋资源投入。海洋资源投入是有限的，海洋资源的最大供应能力为 R_{max}，即各决策单元只能在海洋资源约束线下方进行生产。

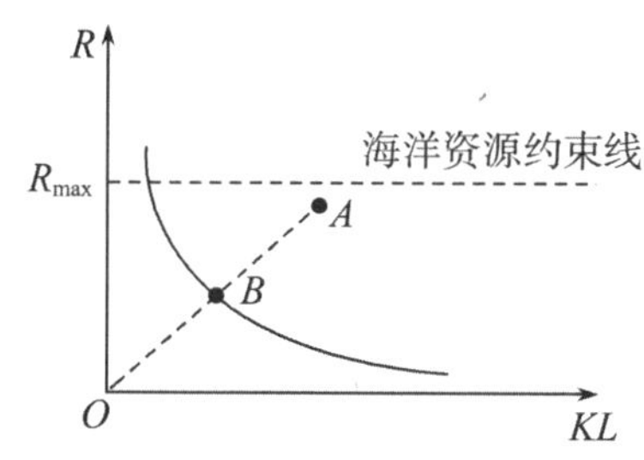

图 2-3　有限海洋资源与资本、劳动投入下的海洋经济生产效率

当海洋资源约束存在时，有效率的生产仍然具有可达性。以图 2-3 为例，通过生产的调整与优化，点 A 具有改善至点 B 的可能性，即从无效率生产调整至有效率状态。但是，从经济增长的规模看，由于资源约束的存在，各种生产要素无法无限制地增加，当到达海洋资源约束线后，海洋生产总值无法随着劳动与海洋资本的增加而等比例增加。这将导致单位资本与劳动的产出能力下降，此时，海洋经济的生产效率也将受到影响。因此，对于海洋经济绿色增长效率的分析，海洋资源要素的作用是不可忽视的。

2.3.3　产出导向下海洋经济绿色增长效率提升路径分析

产出导向下的生产环节中，海洋经济绿色增长效率旨在探寻在既定投入水平下，如何提升产出能力，同时减少环境污染的产出。在传统海洋经济绿色增长效率的研究中，对环境这一非期望产出的关注相对弱化。本部分主要探寻海洋经济生产总值创造与污染产生，研究生产环节产出导向下海洋经济生产前沿的形成。

污染往往被视为经济产出的副产品，经济产出的减少往往也能联动性地在一定程度上减少污染。但从污染产生的根源来看，主要源于化石能源的使用，而受劳动投入与资本投入的影响相对较弱（汪克亮等，2016）。海洋资源投入的增加能够增加期望产出，同时也会增加污染，从而表现为期望产出与非期望产出相伴而存。

假定海洋经济生产环节利用海洋资本 K、劳动 L、海洋资源 R 三种投入要素，产出一种环境污染产出 B 以及一种期望产出 Y。期望产出 Y 的前沿生产函数为 $Y_{max}=f(K,L,R)$，期望产出具有自由可处置性，则其生产技术集可写

为 $T_Y=\{(K,L,R,Y):Y\leqslant f(K,L,R)\}$。对于非期望产出而言，其产生仅受到海洋资源消耗的影响，而与另外两种投入要素无关，其生产函数 $B=g(R)$，且不可随意减少。非期望产出的生产技术集合可以写为 $T_B=\{(K,L,R,B):B\geqslant g(R)\}$。

为进一步对这一生产情形进行描述，假定在保持海洋资本 K、劳动 L 不变前提下，参考魏方庆(2018)的研究，假定非期望产出的生产函数 $B=g(R)$ 为一条射线。则在给定海洋资源投入量 R 时，其非期望产出是给定的。因此，对该情形进行图像化表达如图 2-4 所示。

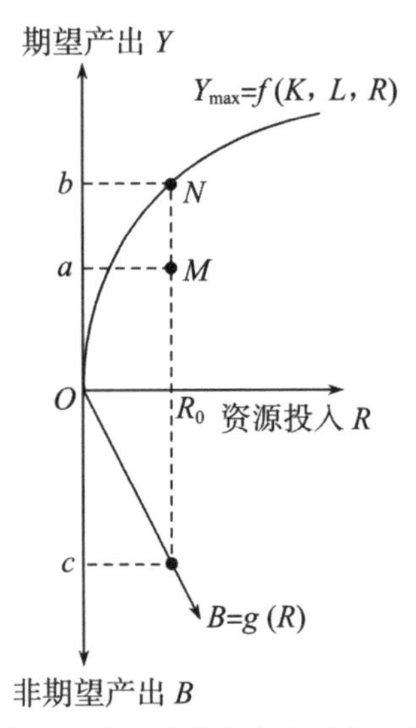

图 2-4　考虑期望产出与非期望产出的海洋经济生产效率

根据已有假定，当资源投入为 R_0 时，当不存在环境治理时，非期望产出均为 Oc。因此，点 M 未处于生产前沿，为无效生产单元，其效率水平可以表示为 Oa/Ob；而点 N 处于生产有效状态，效率水平为 1。当存在多个非期望产出时，则需要进一步探讨如何进行生产要素的优化配置，从而使期望产出与非期望产出之间更为协调。

在当前海洋生态文明建设的背景下，新时代海洋经济高质量发展必须降低其对环境的影响，注重对海洋资源的可持续开发利用。对海洋经济绿色增长效率的评价研究也应着力体现"绿色"这一底色。海洋资源与环境要素的引入，就是生产环节"绿色"的重要表现。但是，对于海洋经济的生产环节的分析只是其海洋经济活动研究的一部分，根据本书对于海洋经济绿色增长效率的内涵界定，海洋经济绿色增长效率是全面体现海洋经济稳定增长与海洋资源环境持续改善的综合性指标，仅以生产环节效率界定海洋经济活动的效率难以全面反映海洋经济的运行状况。特别是海洋经济环境治理行为的存在，很大程度上减轻了海洋经济生产过程中的环境影响，体现了我国为降低海洋经济的环境影响所做出的巨大努力，是海洋经济绿色增长过程中"绿色"的又一关键体现。

2.4 基于生产环节与环境治理环节的海洋经济绿色增长效率分析框架

2.4.1 环境治理环节的引入

海洋环境治理已被认为是一种重要的污染控制方式，在改善沿海地区环境质量、降低海洋经济活动的环境影响方面发挥了重要作用。国家为推进海洋环境治理，给予了大量的政策支持与资金投入，并取得了较为明显的成果。政策支持方面，我国业已颁布《中华人民共和国海洋环境保护法》《中华人民共和国海域使用管理法》等政策法规，为海洋环境治理工作提供了政策依据。财政支持方面，仅在2010—2017年，国家就投入137亿元的财政专项资金用于海洋环境治理。"十三五"期间沿海地区岸线修复超过1200千米，修复湿地2.3万公顷，有效缓解了沿海地区的经济活动对海洋环境系统的损害。海洋环境治理体现了我国为降低海洋经济活动的环境影响所做出的巨大努力，恰恰是"中国式"海洋经济绿色增长效率问题的"特性"体现。因此，将海洋环境治理环节纳入海洋经济的绿色增长效率评价过程具有较强的现实意义。

海洋经济的生产环节与环境治理环节以污染物作为中间产品，形成上下游关系，相互协作，达成海洋经济绿色增长（图2-5）。

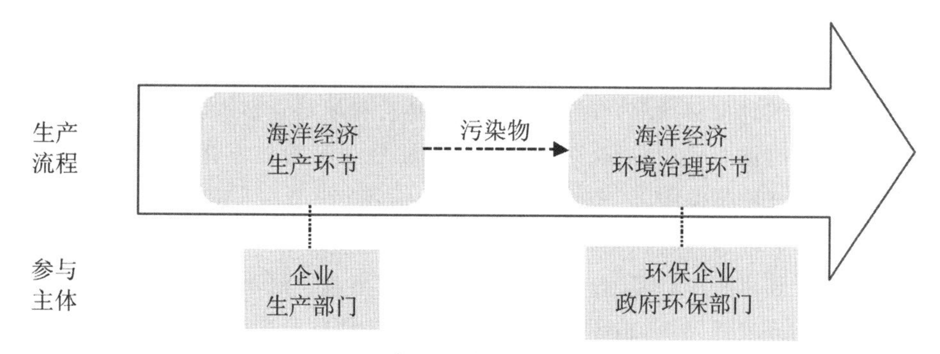

图2-5 海洋经济活动的环节划分

海洋经济的生产环节主要承担海洋经济系统中最终产品与服务（GOP）的形成，即融合资本、劳动以及资源等生产要素，通过生产系统转化，产出海洋生产总值。海洋经济生产环节是海洋经济增长中的基础性环节，是海洋经济系统赖以存在的关键。但是,海洋经济活动中产生的污染总是与海洋经济总产出相伴而生,如果不加以治理,大量污染物的入海会引发赤潮、海岸线破坏等问题,导致海域功能以及海洋环境受到破坏。尽管绿色生产等理念在海洋经济生产中不断深化,海洋环境污染有所减轻,但仍然无法避免。

海洋经济的环境治理环节旨在缓解海洋经济系统的经济负产出引致的福利损失,减轻环境负担。这一阶段主要是将海洋经济系统产生的废水、废气以及固体废弃物等进行处理加工与回收利用,降低其环境影响。综上,海洋经济的环境治理环节也是保障海洋经济绿色增长的重要组成,是海洋经济系统赖以维持的重要环节。海洋经济的生产环节与海洋经济的环境治理环节相辅相成,共同形成海洋经济绿色增长系统,任何一个环节的运行出现问题都会导致海洋经济系统绿色增长的低效。

2.4.2 海洋经济绿色增长效率评价维度分析

基于生产环节与环境治理环节的海洋经济绿色增长效率评价,不仅关注海洋经济绿色增长的整体成效,而且致力于明确海洋经济生产、环境治理等具体环节的效率表现。因此,本书将对海洋经济绿色增长效率进行环节分解,获得海洋经济生产效率和海洋经济环境治理效率,多维度解析我国海洋经济绿色增长质量问题。

一是海洋经济生产效率评价维度。海洋经济生产效率是对海洋经济绿色增长过程中生产环节效率水平的衡量。由上一节生产环节海洋经济绿色增长效率分析框架可知,海洋经济的生产过程利用海洋资本、劳动以及海洋资源,创造海洋生产总值,同时产生环境污染。各种投入要素之间存在的复杂互补与替代关系、海洋资源的有限性、期望产出与非期望产出的联合性等,使得对海洋经济生产效率的评价必须综合考虑海洋经济要素利用特点。海洋经济生产效率评价维度更有助于发现各省(区、市)海洋经济在生产阶段存在的问题,找寻其与其他地区之间的差距。

二是海洋经济环境治理效率评价维度。海洋经济环境治理效率是对海洋经济绿色增长过程中环境治理环节效率表现的衡量。海洋环境治理环节承接生产环节的环境污染,利用环境治理投资将废弃物进行加工回收利用,并将符合排放标准的污染物排出。海洋环境治理效率就是对这一过程效率有效性的量化。尽管生产环节与环境治理环节在要素利用上并不相同,但二者存在要素联动关系,即以生产阶段的非期望产出作为环境治理阶段的输入、链接两个过程。因此,对海洋经济绿色增长效率的研究必须将生产效率与环境治理效率纳入统一评价框架。海洋经济环境治理效率评价维度能明确各地区在海洋环境治理中发挥的作用,是对以往以生产环节为核心的海洋经济绿色增长效率评价结果的重要补充。

三是海洋经济绿色增长效率评价维度。海洋经济绿色增长效率是全面体现海洋经济稳定增长与海洋资源环境持续改善的综合性指标,是对海洋经济生产环节与环境治理环节有效程度的综合反映。生产效率评价维度和环境治理评价维度彼此联系,共同支撑形成海洋经济绿色增长效率。海洋经济绿色增长效率评价维度更能体现生产与治理的协同,有助于各地区更好地发展海洋经济。

2.4.3 海洋经济绿色增长效率提升路径分析

在海洋强国战略背景下,海洋经济绿色增长必须处理好海洋经济发展与环境保护的关系,推进海洋经济的可持续健康发展。

海洋经济绿色增长效率是对海洋经济内部各投入产出要素利用关系的反馈,更是海洋产业结构、清洁能源利用、海洋产业集聚等多种外部因素影响作用的结果。因此,全面提升海洋经济绿色增长效率,不仅需要对海洋经济绿色增长效率进行科学化评估,还需要明晰海洋经济绿色增长效率受何影响,探明海洋经济绿色增长效率的提升路径。

2.5 本章小结

本章重点探讨了海洋经济绿色增长效率分析框架。首先,对经济增长理论、环境经济学理论、可持续发展理论以及复合系统理论等进行了简要剖析,为研究的展开奠定了理论基础。其次,明确了海洋经济绿色增长效率的内涵与特点,指出海洋经济绿色增长效率是“绿色”与“增长”的全面融合,是全面体现海洋经济稳定增长与海洋资源环境持续改善的综合性指标。再次,从生产可能性边界出发,分别从投入导向与产出导向入手,探讨了基于生产环节的海洋经济绿色增长效率分析框架。最后,将治理环节纳入评价体系,搭建了基于生产环节与环境治理环节的海洋经济绿色增长效率分析框架。

通过研究发现:在当前海洋生态文明的建设背景下,新时代海洋经济高质量发展不仅需要关注海洋经济绿色增长的整体质量,也需要明确海洋经济生产、环境治理等具体环节的效率表现,是“绿色”与“增长”的全面融合。海洋经济绿色增长效率的评价研究也应着力体现“绿色”这一底色。通过基于生产环节海洋经济绿色增长效率分析框架可以分析得出:海洋资源要素与传统的资本与劳动要素不同，对海洋经济绿色增长具有更强的约束性，是生产环节投入要素“绿色”的体现；非期望产出与期望产出相伴而存，环境污染的环境负效应不容忽视，非期望产出的纳入正是生产环节产出要素“绿色”之所在。但是，海洋经济的生产环节只是其海洋经济活动的一部分，根据本书对于海洋经济绿色增长效率的内涵界定，海洋经济绿色增长效率是全面体现海洋经济稳定增长与海洋资源环境持续改善的综合性指标。为体现出我国为降低海洋经济活动的环境影响所做出的巨大努力，本书进一步论证将环境治理环节纳入海洋经济绿色增长效率评价体系，从海洋经济绿色增长效率评价、收敛特征与动态演进分析、影响因素分析以及提升路径设计四个方面，搭建形成了基于生产环节与环境治理环节的海洋经济绿色增长效率分析框架。这一分析框架，将环境治理环节作为与海洋经济生产并重的重要环节，是“中国式”海洋经济增长效率问题的“绿色”之又一关键所在。

3 基于生产环节的海洋经济绿色增长效率评价

海洋经济的生产活动受到资源环境的约束，本章将追踪海洋经济最终产品——海洋生产总值的产出过程，分析这一过程的海洋经济绿色增长效率。本书将在第 2 章理论分析基础上，构建基于生产环节的海洋经济绿色增长效率分析框架；搭建海洋经济生产阶段的投入产出指标体系，并从多角度对我国海洋经济生产效率进行分析。

3.1 问题阐述

传统 DEA 方法以实现自我权重最优进行投入产出权重配置，容易夸大优势、回避劣势，进而导致被评价决策单元表面有效的现象的产生，无法实现对决策单元效率表现的合理排序。针对自评体系 DEA 方法的问题，交叉效率方法应运而生，并得到了快速发展。交叉效率方法在自评基础上，有效挖掘权重信息，通过自评与他评相结合抵消传统 DEA 方法中权重设置可能存在的极端化问题，实现对决策单元效率的充分排序，在社会经济中得到了广泛应用。

伴随经济发展，资源环境约束日益加重，然而，现有交叉效率模型多是基于经典 CCR 或 BCC 模型，仅考虑了经济中合意产出的存在，而对于环境污染这种非期望产出的处理相对乏力。同时，常用的压他型二次目标策略(Aggressive strategy)、利众型二次目标策略(Benevolent strategy)交叉效率模型以及博弈交叉效率模型(Game cross efficiency)等尽管在一定程度上解决了交叉效率不唯一的问题，但是这些目标策略暗含被评价决策单元之间的竞争或合作关系。显然，现实经济情况是比较复杂的，在我国社会主义市场经济的经济背景之下，经济主体之间并不是简单的竞合关系，特别是“生态文明”“美丽中国”“绿色发展”等提出以来，各省(区、市)更关注如何兼顾“绿水青山”与“金山银山”，实现海洋经济发展与海洋环境保护的协调发展，以往的交叉效率评价模型在海洋经济的效率评价中显然是不适配的。

本书追踪海洋经济最终产品——海洋生产总值的产出过程，分析这一过程的海洋经济绿色增长效率，考虑海洋经济生产过程中的资源环境约束，将自评与他评相结合，构建一种新的交叉效率评价模型，将非期望产出引入交叉效率模型以刻画海洋经济生产活动对环境的影响，同时通过构造新的中立型二次目标把决策者在经济发展与环境保护之间的权衡纳入评价框架，以拓展交叉效率模型评价的实用性，实现对资源环境约束下海洋经济绿色增长效率的精准评价。

3.2 考虑非期望产出的中立型交叉效率模型构建

3.2.1 考虑非期望产出的交叉效率模型

交叉效率模型主要为解决自评体系 DEA 评价模型效率结果高估的问题（Alcaraz 等，2022）。传统 DEA 方法以实现自我权重最优进行投入产出权重配置，容易夸大优势、回避劣势，进而引致被评价决策单元表面有效的现象，无法实现对决策单元效率表现的合理排序。交叉效率方法在自评基础上，有效挖掘权重信息，通过自评与他评相结合抵消传统 DEA 方法中权重设置可能存在的极端化问题，实现对决策单元效率的充分排序。

假定经济中存在 n 个决策单元（Decision-making unit，DMU），每个决策单元使用 m 种投入，产生 s 种期望产出，对于任意决策单元，令 X、Y 分别代表其投入要素集和期望产出要素集，$x_{ij}(i=1,2,\cdots,m)$和 $y_{rj}(r=1,2,\cdots,s)$分别表示 $DMU_j(j=1,2,\cdots,n)$的第 i 个投入和第 r 个产出，则这一生产过程如图 3-1 所示。

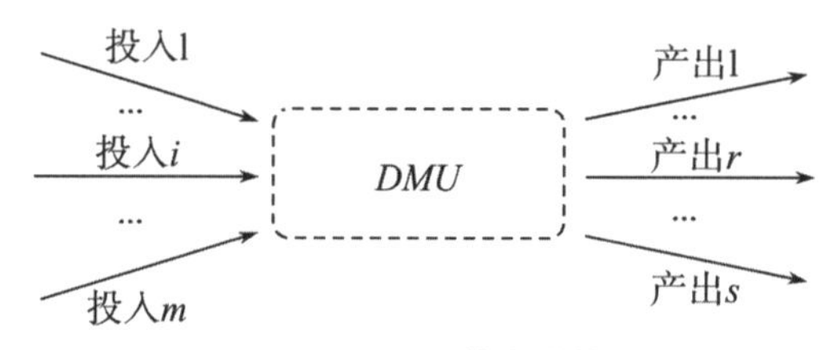

图 3-1 DEA 基本结构

对于被评价决策单元 $DMU_d(d=1,2,\cdots\cdots,n)$，其自评效率可以表示为：

$$E_{dd}=\sum_{r=1}^{s}u_{rd}y_{rd}\Big/\sum_{i=1}^{m}\nu_{id}x_{id} \tag{3-1}$$

相应地，在 CCR 模型(Charnes 等，1978)下，权重设置可通过如下模型获取：

$$\max\sum_{r=1}^{s}u_{rd}y_{rd}\Big/\sum_{i=1}^{m}\nu_{id}x_{id}$$

$$s.t.\begin{cases}\sum_{i=1}^{m}\nu_{id}x_{ij}-\sum_{r=1}^{s}u_{rd}y_{rj}\geqslant 0, j=1,2,\cdots,n\\ \nu_{id}\geqslant 0, i=1,2,\cdots,m; u_{rd}\geqslant 0, r=1,2,\cdots,s\end{cases} \tag{3-2}$$

式中，ν_{id} 和 u_{rd} 表示决策单元 DMU_d 对应的投入 $x_{ij}(i=1,2,\cdots,m)$和产出 y_{rj} $(r=1,2,\cdots,s)$的权重。由于目标函数为一分式，可基于 Charnes-Cooper 变幻予以线性化处理，获取如下的产出导向的 CCR 模型：

$$\max\sum_{r=1}^{s}u_{rd}y_{rd}$$

$$s.t.\begin{cases}\sum_{i=1}^{m}\nu_{id}x_{ij}-\sum_{r=1}^{s}u_{rd}y_{rj}\geqslant 0, j=1,2,\cdots,n\\ \sum_{i=1}^{m}\nu_{id}x_{id}=1\\ \nu_{id}\geqslant 0, i=1,2,\cdots,m; u_{rd}\geqslant 0, r=1,2,\cdots,s\end{cases} \tag{3-3}$$

CCR 模型被看作现有交叉效率研究的基准模型。CCR 模型仅仅考虑了期望产出，而忽略了非期望产出的存在。事实上，在现实生产过程中，非期望产出往往伴随着期望产出二者相伴而生、相依而存。非期望产出的引入体现了生产过程对环境污染等造成福利损失的考虑。考虑到经济生产活动对环境的影响，亟须在效率评价过程中引入非期望产出(图 3-2)。

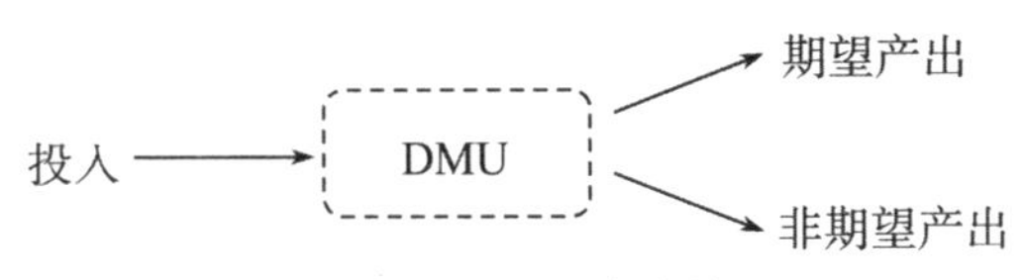

图 3-2 含有非期望产出的 DEA

目前对于非期望产出的处理包括非期望产出作为投入、方向性距离函数、双曲效率模型、数据变换、SBM 模型等方式(程开明等，2021)。鉴于交叉效率方法以乘数形式的 DEA 模型为基础，方向性距离函数以及双曲效率模型使用受限，借鉴 Seiford 和 Zhu(2002)对非期望产出进行数据变换，对经典 CCR 模型进行修正。转换公式如下：

$$\hat{z}_{kd}=-z_{kd}+w_k \tag{3-4}$$

式中，$z_{kd}(k=1,2,\cdots,l)$代表 DMU_d 的第 k 个非期望产出，w_k 为预先选定的一个较大的常数，该常数大于 z_{kd} 的极大值。经过变换，$\hat{z}_{kd}(k=1,2,\cdots,l)$满足非负性约束。此时，模型可以转换为一个可以处理包含非期望产出问题的效率评价模型，表示如下：

$$\max(\sum_{r=1}^{s} u_{rd} y_{rd} + \sum_{k=1}^{l} p_{kd} \hat{z}_{kd})$$

$$s.t.\begin{cases} \sum_{i=1}^{m} \nu_{id} x_{id} = 1 \\ \sum_{i=1}^{m} \nu_{id} x_{ij} - \sum_{r=1}^{s} u_{rd} y_{rj} - \sum_{k=1}^{l} p_{kd} \hat{z}_{kj} \geqslant 0, j = 1,2,\cdots,n \\ u_{rd} \geqslant 0, r = 1,2,\cdots,s; \nu_{id} \geqslant 0, i = 1,2,\cdots,m \\ p_{kd} \geqslant 0, k = 1,2,\cdots,l \end{cases} \tag{3-5}$$

式中，ν_{id}、u_{rd}、p_{kd} 为投入、产出以及非期望产出的权重。改进后的 CCR 模型在进行决策单元的效率过程中，考虑到了非期望产出的存在，在最大化 DMU_d 效率的目标下，可获得最优权重结果$\{\nu_{id}^*, u_{rd}^*, p_{kd}^*\}$。

改进后的模型较之于经典的 CCR 及 BCC 模型对于包含非期望产出的效率问题具有较好的处理能力。但该模型仍是基于自评框架，在自评体系下，每一个决策单元都倾向于对其优势变量给予较高权重，而对于其相对劣势变量给予较低的权重。因此，模型无法避免自评体系的权重选择的扬长避短问题以及有效决策单元效率区分问题。因此，Sexton 等(1986)提出将自评与同行互评相结合，实现对决策单元效率的有效区分；在获取最优权重的基础上，给出 DMU_j 相对于 DMU_d 的交叉效率值计算公式如下：

$$CE_{dj} = \frac{\sum_{r=1}^{s} u_{rd}^* y_{rj} + \sum_{k=1}^{l} p_{kd}^* \hat{z}_{kj}}{\sum_{i=1}^{m} \nu_{id}^* x_{ij}} \tag{3-6}$$

式中，CE_{dj} 为 DMU_j 相对于 DMU_d 的交叉效率，当 $j=d$，CE_{dj} 为 DMU_j 的自评效率结果。相应地，DMU_j 可获得 $n-1$ 个他评效率以及 1 个自评效率，交叉效率矩阵如表 3-1 所示。

表 3-1　交叉效率矩阵

DMU	被评价 DMU				
	1	……	d	……	n
1	CE_{11}	……	CE_{1d}	……	CE_{1n}
……	……	……	……	……	……
j	CE_{j1}	……	CE_{jd}	……	CE_{jn}
……	……	……	……	……	……
n	CE_{n1}	……	CE_{nd}	……	CE_{nn}
平均交叉效率	E_1	……	E_d	……	E_n

根据 CE_{dj} 的评价结果，计算他评效率与自评效率的算术平均值，可获得如下公式：

$$E_j = \frac{1}{n}\sum_{d=1}^{n} CE_{dj} \tag{3-7}$$

其中，E_j 为 DMU_j 的最终交叉效率评价结果。交叉效率思想的引入，有效避免了传统 DEA 模型自评体系下扬长避短权重选择的弊端，解决了以往效率评价模型有效决策单元个数过多、效率评价结果可信度不高的问题。

3.2.2 中立型策略的引入

由于从考虑非期望产出的交叉效率模型获取的最优权重（$\nu_{id}^*, u_{rd}^*, p_{kd}^*$）可能存在多组最优解，进而导致获取的交叉效率评价结果 CE_{dj} 的不唯一（Orkcu 等，2019）。对于交叉效率权重不唯一问题，现在多采用设置二次目标策略方法予以解决，即在保持其自评效率结果的基础上，通过最大化（或最小化）对其他决策单元的他评效率结果等二次目标策略设置，较为常见的模型二次目标为压他型策略和利众型侧面。然而，由于现实海洋经济环境的复杂性，各经济主体之间并不是简单的竞争或合作关系，因此，难以厘定其更适合于竞争型二次目标模型还是合作型二次目标模型。事实上，各决策单元在发展过程中，可能更倾向于实现自身效率的提升。“绿水青山就是金山银山”，党的十八大以来，我国政府把生态文明建设纳入五位一体的总体布局之中，各地区在发展海洋经济过程中都致力于实现经济发展与环境保护协调发展，从这一实际出发，我们提出一种新的中立型策略作为二次目标以解决交叉效率权重不唯一问题。

$$\max\{\min_{\substack{r=1,2,\cdots,s\\ k=1,2,\cdots,l}}(u_{rd}y_{rd}, p_{kd}\hat{z}_{kd})\}$$

$$s.t.\begin{cases}\sum_{i=1}^{m}\nu_{id}x_{ij} - \sum_{r=1}^{s}u_{rd}y_{rj} - \sum_{k=1}^{l}p_{kd}\hat{z}_{kj} \geqslant 0, j=1,2,\cdots,n; j\neq d\\ \sum_{r=1}^{s}u_{rd}y_{rd} + \sum_{k=1}^{l}p_{kd}\hat{z}_{kd} - E_{dd}\sum_{i=1}^{m}\nu_{id}x_{id} = 0\\ \nu_{id}\geqslant 0, i=1,2,\cdots,m \quad u_{rd}\geqslant 0, r=1,2,\cdots,s\\ p_{kd}\geqslant 0, k=1,2,\cdots,l\end{cases} \tag{3-8}$$

其中，DMU_d 在实现自身效率最大化的基础上，致力于优化产出端权重设置，使得其处于最劣势的产出（非期望产出）得以优化。它描述了经济中的一种现象：每个决策单元通过权重选择，使得每种产出或非期望产出都尽可能有效，即在保证其自评效率结果的基础上，努力提升其期望产出，减轻非期望产出的福利损失。然而，在模型中，其目标函数是非线性的，为解决这一问题，我们对模型进行等价线性变化：

$$\max \varphi$$

$$s.t.\begin{cases}\sum_{i=1}^{m}\nu_{id}x_{ij}-\sum_{r=1}^{s}u_{rd}y_{rj}-\sum_{k=1}^{l}p_{kd}\hat{z}_{kj}\geqslant 0, j=1,2,\cdots,n, j\neq d\\ \sum_{r=1}^{s}u_{rd}y_{rd}+\sum_{k=1}^{l}p_{kd}\hat{z}_{kd}-E_{dd}\sum_{i=1}^{m}\nu_{id}x_{id}=0\\ u_{rd}y_{rd}-\varphi\geqslant 0, r=1,2,\cdots,s\\ p_{kd}\hat{z}_{kd}-\varphi\geqslant 0, k=1,2,\cdots,l\\ \nu_{id}\geqslant 0, i=1,2,\cdots,m\\ u_{rd}\geqslant 0, r=1,2,\cdots,s\\ p_{kd}\geqslant 0, k=1,2,\cdots,l\\ \varphi\geqslant 0\end{cases} \tag{3-9}$$

中立型二次目标设置有效解决了交叉效率权重不唯一问题，将获取的最优权重($\nu_{id}^{*}, u_{rd}^{*}, p_{kd}^{*}$)带入模型中，可以获取 DMU_j 相较于 DMU_d 的交叉效率评价结果 CE_{dj}。因此，DMU_j 的交叉效率可通过 $n-1$ 个他评效率以及 1 个自评效率的算术平均值获取，即表示如下：

$$E_j=\frac{1}{n}\sum_{d=1}^{n}CE_{dj} \tag{3-10}$$

上述模型改进了传统交叉效率方法中对非期望产出处理乏力的问题，在资源环境约束下给出了新的中立型二次目标模型，本书将这种新模型称为 undesirable-neutral-cross efficiency 模型(简称为 U-N-CE 模型)。

3.2.3 全局参比 DEA 模型

全局参比 DEA 模型主要解决不同期效率评价结果的比较问题。近年来学者们不断将全局参比 DEA 模型与 EBM 模型(刘华军等，2021)等进行结合研究，为动态把握各决策单元在不同时期的效率变动提供了思路。

以单投入双产出的 DEA 模型为例进行分析，如图 3-3 所示，在单位投入下，横、纵坐标为两种产出(均满足经典 DEA 模型中的期望性特征)，其在不同时期内可以实现的最大可能生产边界(生产前沿面)以图中小曲面表示，全局前沿则包络全部同期前沿。以 A 点和 C 点为例，表征决策单元 A 为 T 期的产出状况以及决策单元 C 在 t 期的产出状况，效率值分别为 OA/OB_1 以及 OC/OD_1，在分期前沿下，二者处于不同的包络面，效率结果不具有可比性特征。但在全局前沿思想下，决策单元 A、C 在全局前沿上的投影分别为 B_2 和 D_2，二者处于同一生产前沿,效率值分别为 OA/OB_2 以及 OC/OD_2,通过共同生产前沿的引入,实现了不同时期效率的可比性。

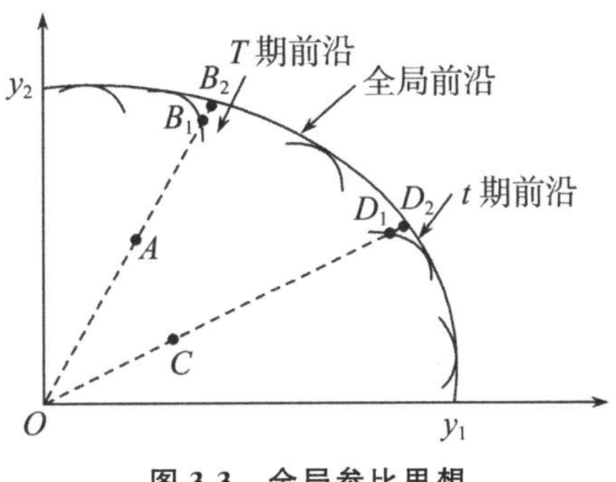

图 3-3 全局参比思想

3.3 生产环节的投入产出指标选取

本书对 2006—2018 年我国海洋经济绿色增长效率进行了分析,对于研究期限的选择,主要考虑统计数据的可比性与一致性。2006 年,国家海洋局联合国家统计局以《海洋及相关产业分类》(GB/T 20794—2006)与《沿海行政区域分类与代码》(HY/T 094—2006)为基础,颁布了《海洋生产总值核算制度》(国统制〔2006〕21 号)。自此我国主要海洋产业的统计口径较上一时期发生了较大的改变,海洋经济统计核算不再限于主要海洋产业总产值,我国的海洋经济统计核算体系初步形成并基本稳定,故本书以 2006 年为研究起点。同时,鉴于目前我国海洋经济数据仅公布至 2018 年,本书将研究期设定为 2006—2018 年。

本书以中国 11 个沿海省(区、市)的海洋经济为研究对象,根据自然资源部对海洋经济圈区划,将 11 个沿海省(区、市)划分为三大区域。① 基于以上研究对象和研究期限的设定,本书将在考虑资源环境约束,对我国海洋经济绿色增长效率进行测度与评价。

(1) 资本投入

海洋经济的资本投入多以海洋资本存量予以量化。然而,目前我国并未公布海洋新增资本投入以及资本存量的具体数值。本书沿用何广顺等(2014)对

①本书依据中华人民共和国自然资源部对于三大海洋经济圈的分类,对 11 个沿海省(区、市)进行区域性划分。其中,北部海洋经济圈包括河北、辽宁、山东以及天津;东部海洋经济圈包括江苏、上海和浙江;南部海洋经济圈包括福建、广东、广西和海南。

海洋资本存量的计算方式，利用永续盘存法计算国民经济资本存量，并利用海洋经济在国民经济中的占比，对海洋资本存量予以估算，即

$$k_t^m = k_t \times (GOP_t / GDP_t) \tag{3-11}$$

式中，k_t 代表 t 期国民经济资本存量，k_t^m 代表同时期海洋经济资本存量，GOP_t 和 GDP_t 分别为 t 期的海洋经济生产总值和国民经济生产总值。k_t 的计算，借鉴张军等(2004)的算法，公式如下：

$$k_t = (1-\delta) k_{t-1} + I_t \tag{3-12}$$

式中，I_t 为新增资本投资，k_{t-1} 为上一期的资本存量，δ 为资本折旧率，参考丁黎黎等(2018)设置 $\delta = 10.96\%$，以 2006 年为基期，以基期资本投资除以 10% 估计基期资本存量。为消除价格因素对数据的影响，以《中国统计年鉴》公布的固定资产投资价格指数对新增固定资产投资进行可比价处理。

(2) 劳动投入

对于海洋经济的劳动投入的衡量，多数研究已形成共识，即以涉海就业人数予以量化。但自 2018 年起《中国海洋统计年鉴》不再发布关于涉海就业相关数据，且目前尚无更好的替代指标，因此对 2017—2018 年的缺失劳动力数据予以预测补齐。灰色预测方法在小样本情况下具有较好的预测能力，可实现对社会经济变量的精准描述。考虑涉海就业观测数据为 2006—2016 年，样本量相对较小，且劳动力数据变化相对稳定，这一数据特点与灰色预测方法的应用属性较为匹配。因此，参照赵领娣等(2021)对缺失数据的处理方式，本书提出采用 GM(1,1)方法对劳动力缺失数据进行预测补齐。

GM(1,1)模型以原始数据一次累加而成，即单序列一阶线性动态模型，假定原始序列为 $X(0) = \{x^{(0)}(1), x^{(0)}(2), \cdots, x^{(0)}(k), \cdots, x^{(0)}(n)\}$，对 $X(0)$ 累加可得 $X(1) = \{x^{(1)}(1), x^{(1)}(2), \cdots, x^{(1)}(k), \cdots, x^{(1)}(n)\}$，其中 $X(1)$ 中的第 k 个元素：

$$x^{(1)}(k) = \sum_{i=1}^{k} x^{(0)}(i), k = 1, 2, \cdots, n \tag{3-13}$$

序列 $X(1)$ 由序列 $X(0)$ 累加而来，则建立如下微分方程：

$$\frac{\mathrm{d}x^{(1)}}{\mathrm{d}t} + a x^{(1)} = u \tag{3-14}$$

借助最小二乘法得：

$$\begin{vmatrix} a \\ u \end{vmatrix} = (B^T B) B^T Y_n \tag{3-15}$$

式中，B 和 Y_n 分别为累加矩阵以及列向量，形式如下：

$$Y_n=(x^{(0)}(2),x^{(0)}(3),\cdots,x^{(0)}(k+1),\cdots,x^{(0)}(n))^T \tag{3-16}$$

$$B=\begin{vmatrix} -\frac{[x^{(1)}(1)+x^{(1)}(2)]}{2} & 1 \\ -\frac{[x^{(1)}(2)+x^{(1)}(3)]}{2} & 1 \\ \vdots & \vdots \\ -\frac{[x^{(1)}(n-1)+x^{(1)}(n)]}{2} & 1 \end{vmatrix} \tag{3-17}$$

求解可得：

$$x^{(1)}(t+1)=\left[x^{(0)}(1)-\frac{u}{a}\right]e^{-at}+\frac{u}{a} \tag{3-18}$$

故而 $X(0)$第 t 期样本内预测值可表示如下：

$$\hat{x}^{(0)}(t)=\hat{x}^{(1)}(t)-\hat{x}^{(1)}(t-1),t=1,2,\cdots,n \tag{3-19}$$

本书利用 GM(1,1)模型，借助 Matlab 2012b 进行编程处理，对我国 11 个沿海省(区、市)涉海就业人数进行分省预测，拟合预测精度结果如表 3-2 所示，并将其与表 3-3 模型精度等比对表比对。结果表明，利用 GM(1,1)计算的 11 个沿海省(区、市)涉海就业人数预测模型具有较好的拟合精度，相对误差均小于 0.01，方差比保持在 0.35 以内，小误差概率为 1，均达到了 1 级预测精度，模型结果较为可信。

表 3-2　涉海就业人数预测精度结果

省(区、市)	相对误差	方差比	小误差概率	省(区、市)	相对误差	方差比	小误差概率
天津	0.0001	0.0132	1.0	福建	0.0001	0.0134	1.0
河北	0.0001	0.0138	1.0	山东	0.0001	0.0136	1.0
辽宁	0.0001	0.0134	1.0	广东	0.0001	0.0136	1.0
上海	0.0001	0.0136	1.0	广西	0.0001	0.0140	1.0
江苏	0.0001	0.0138	1.0	海南	0.0001	0.0140	1.0
浙江	0.0001	0.0135	1.0				

表 3-3　模型精度等比对表

精度等级	相对误差	方差比	小误差概率
1 级	<0.01	<0.35	>0.95
2 级	<0.05	<0.50	<0.80
3 级	<0.10	<0.65	<0.70
4 级	>0.20	>0.80	<0.60

对样本外数据进行预测，结果如图 3-4 所示。结果显示，自 2006 年以来，我国沿海省(区、市)涉海就业人数稳步增加，且变化趋势基本一致。

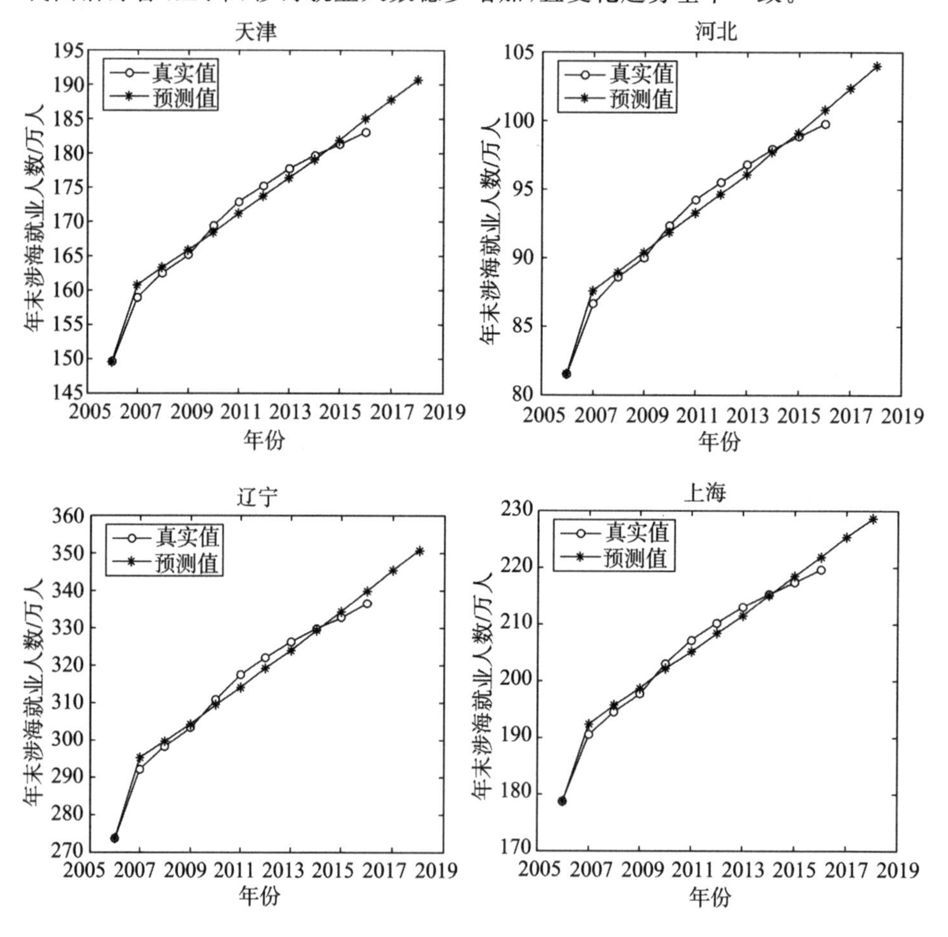

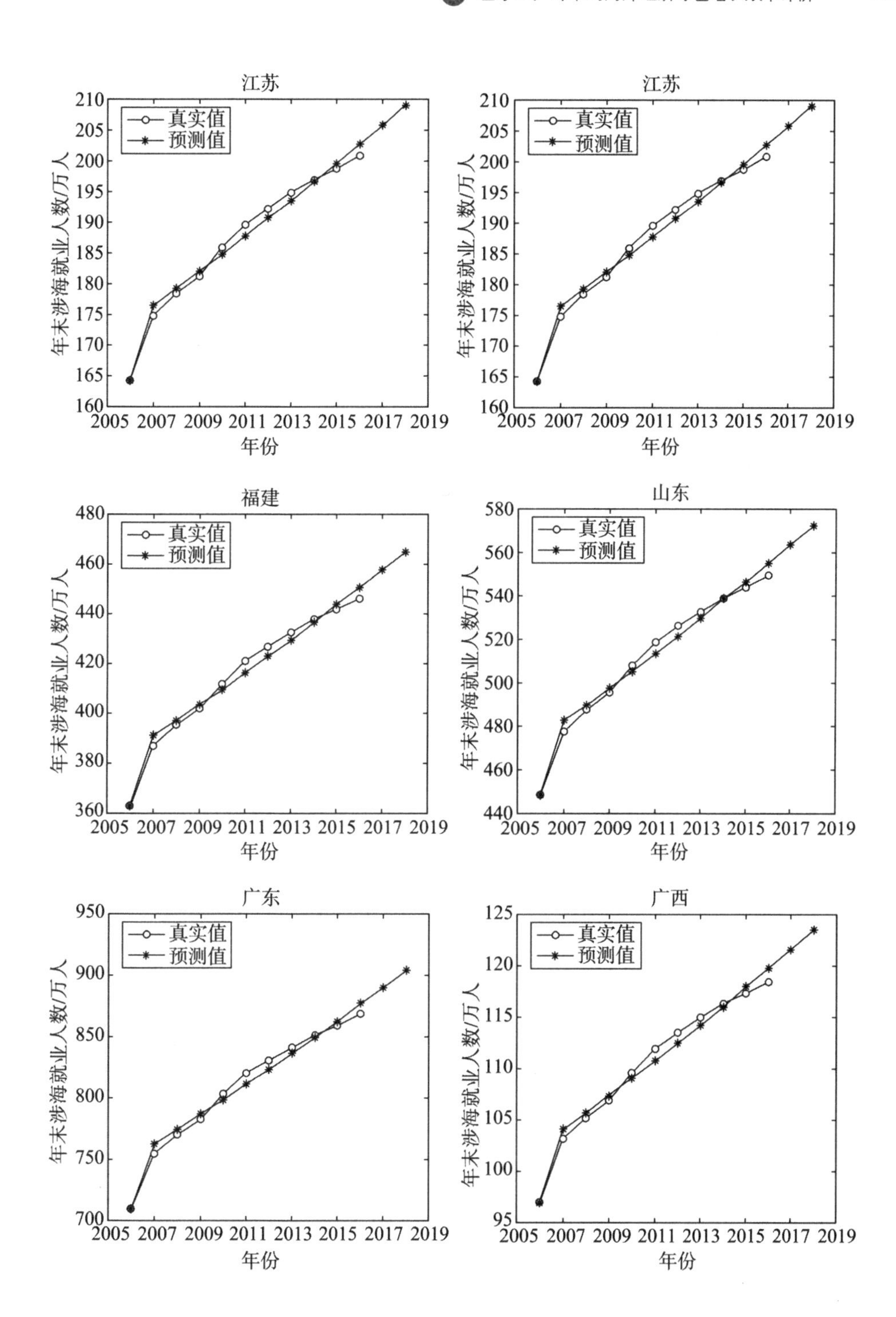
江苏
真实值
预测值
年末涉海就业人数/万人
年份
江苏
真实值
预测值
年末涉海就业人数/万人
年份
福建
真实值
预测值
年末涉海就业人数/万人
年份
山东
真实值
预测值
年末涉海就业人数/万人
年份
广东
真实值
预测值
年末涉海就业人数/万人
年份
广西
真实值
预测值
年末涉海就业人数/万人
年份

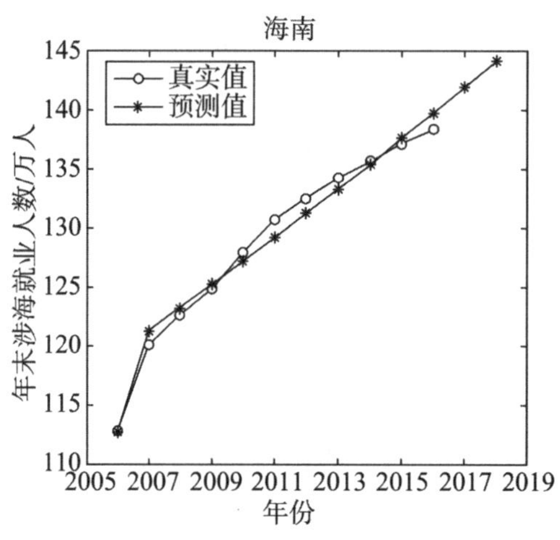

图 3-4　涉海就业人数预测结果

(3) 海洋资源投入

现有研究对海洋资源投入的衡量，主要以港口码头泊位数、海洋机动渔船年末拥有量、海岸线长度、海水养殖面积、万吨级泊位数、星级饭店数量、海域使用权确权面积、码头长度、滨海地区旅行社数量等中的一种或几种为指标，尚未形成统一标准（丁黎黎等，2021）。根据《2019 年中国海洋经济统计公报》数据，滨海旅游业、海洋交通运输业以及海洋渔业已经成为支撑海洋经济发展的支柱产业，总增加值达到了主要海洋产业增加值的 81.8%。因此，本书根据三大海洋支柱产业的主要资源利用，选择沿海地区星级饭店数、码头长度以及沿海地区海水养殖面积作为海洋资源指标。考虑 DEA 模型对投入产出变量个数的要求，利用熵值法合成海洋资源利用综合指数，量化海洋经济的资源投入。

(4) 期望产出

海洋经济生产效率的期望产出，一般以海洋生产总值（GOP）予以衡量。为避免不同时期价格变动的影响，以 2006 年为基期，利用价格平减指数进行可比价处理，以实际 GOP 作为期望产出。

(5) 非期望产出

非期望产出方面，通常而言，学者们一般选用“工业三废”衡量经济生产的环境影响（杨燕燕等，2021）。为更好地体现海洋经济产出的环境影响，本书参考丁黎黎等（2015）的成果，选取海洋经济地区工业 SO_2 排放、工业固体废弃物产生量、工业废水中污染物排放化学需氧量指标，利用熵值法合成海洋环境污染综合指数。通过这三个指标的合成处理，最大限度地反映海洋经济生产活动对环境的影响。海洋环境污染综合指数越大则代表该区域的海洋经济生产活动对环境影响越大,由此导致的福利损失越严重。

3.4 海洋经济绿色生产效率测度结果分析

依据本书构建的考虑非期望产出的中立型策略交叉效率模型,取 $w_k=0.03$,利用 Matlab 2012b 软件对上述模型进行程序处理,对 2006—2018 年我国 11 个沿海省(区、市)的海洋绿色生产效率进行评价分析,为保证不同期间效率的可比性,引入全局参比思想构建生产前沿。该模型与以往模型相比,引入了海洋资源损耗以及海洋经济生产活动对环境的影响因素,我们称之为海洋经济绿色生产交叉效率,简称海洋经济绿色生产效率。

3.4.1 海洋经济绿色生产效率总体特征分析

总体来看我国海洋经济水平绿色生产效率呈现波动上升趋势,且仍具有较大的上升空间。图 3-5 为 2006—2018 年中国海洋经济绿色生产效率值与海洋生产总值变动曲线。从总量来看,我国海洋经济体量不断增大,海洋生产总值稳步提升,从 2006 年的 215618.4 亿元增长至 2018 年的 83414.8 亿元,增长接近于 4 倍。与此同时,海洋经济绿色生产效率也呈现上升态势,从 2006 年 0.4756 上升至 2018 年的 0.5221。这一结果表明,自 2006 年以来,我国海洋经济生产水平不断提高,海洋经济形势向好。

但从另一方面来看,研究期内我国海洋经济的绿色生产效率整体水平仍然偏低,具有较大的上升空间。研究期内我国海洋经济绿色生产效率的平均水平约为 0.5,距离完全有效还具有较大的差距。这一结果可能与我国海洋经济起步相对较晚有关,且早期我国海洋经济发展模式相对粗放,对海洋资源的依赖程度较高,对环境的破坏也较为严重。尽管近年来我国对海洋经济发展过程中的资源环境影响有所关注,但如何实现海洋经济发展与环境保护的双赢、实现海洋经济生产效率的进一步提升仍是关注的重点。

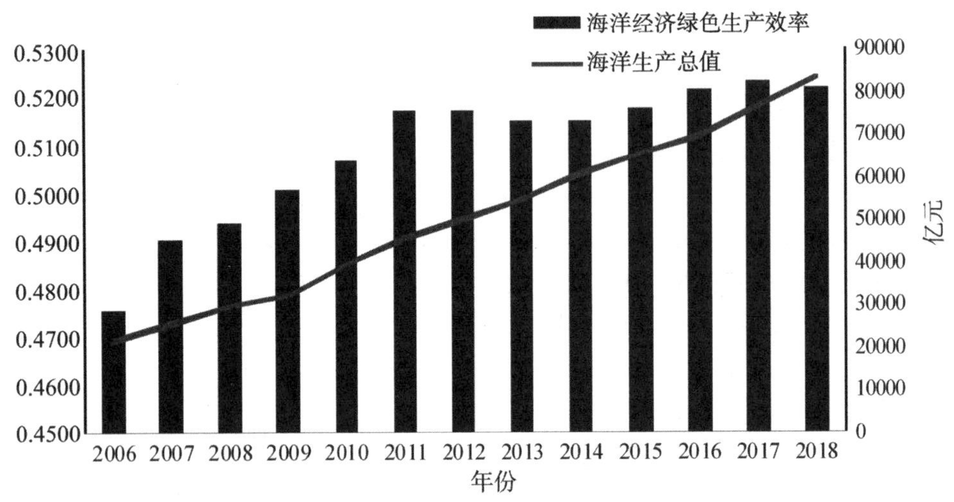

图 3-5 2006—2018 年中国海洋生产总值及绿色生产效率

此外，海洋发展呈现出显著的阶段性特征，且与我国的五年规划保持较高的耦合性。其中，“十一五”阶段为我国海洋经济高速发展时期，海洋经济效率提升最为显著，海洋经济的生产效率连年上升，从 2006 年的 0.4756 上升至 2010 年的 0.5068。2011 年以来，从全国层面来看，海洋经济生产效率的增长态势未能继续维持，出现了下降，这一变化一直持续至“十二五”收官之年才略有好转，表明这一时期海洋经济的资源环境约束较为明显。“十三五”以来，我国海洋经济增速逐渐放缓，不断注重海洋经济的“高质量”发展，海洋经济的绿色生产效率呈现缓慢提升态势。

3.4.2 海洋经济绿色生产效率区域差异分析

本书将研究期内海洋经济绿色生产效率均值借助自然断点法（明雨佳等，2020），利用 Geoda 软件将 11 个沿海省（区、市）划分为高效率区域、中高效率区域、中低效率区以及低效率区四个梯队，绘制中国海洋经济绿色生产效率分布图。整体来看，2006—2018 年，我国海洋经济效率呈现高低间隔分布。不同的海洋经济圈中高效率区域与低效率区域交错分布。具体情况如下所示。

第一梯队为高效率区域，仅有上海。上海海洋经济绿色生产效率显著高于其他省（区、市），是诸多省（区、市）中唯一的高效率区域，研究期内平均效率水平达到了 0.7978。上海具有较好的海洋产业基础，海洋结构较为完善，海洋产业以海洋科研教育管理服务业、海洋滨海旅游业和海洋交通运输业为三大主要海洋产业，而传统的海洋渔业、油气、化工等高污染高能耗产业占比有限，对环境的影响相对较小，因此，在资源环境约束条件下，上海的海洋经济绿色生产效率较之其他省(区、市)能保持较高水平。

第二梯队为中高效率区域,主要包括海南、天津、广西、河北和江苏。研究期平均海洋经济绿色生产效率在 0.5 以上。这些省(市)海洋生产总值体量相对较小,海洋经济规模有限(图 3-6)。以海南为例,2018 年其海洋生产总值仅为全国的 1.8%,从其海洋生产总值构成来看,滨海旅游业和海洋科研教育管理服务业为海南海洋经济的主要产业,对环境影响相对较小。天津海洋产业也以第二、三产业为主,以 2018 年为例,第二、三产业占比达 99.8%。

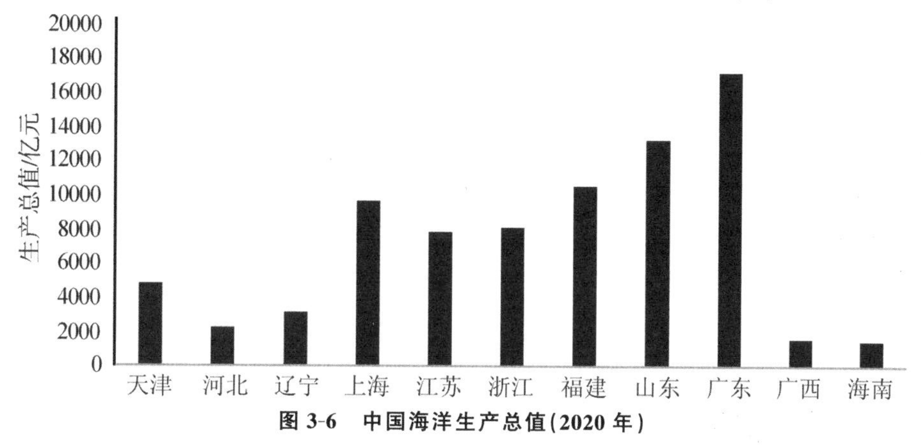

图 3-6 中国海洋生产总值(2020 年)

第三梯队为中低效率区域,主要包括广东、福建和浙江。这三个省均为海洋经济规模较大的省,2020 年,尽管受到了新冠疫情的影响,广东海洋经济生产总值也达到了 17245 亿元,福建为 10495 亿元,浙江海洋生产总值也超过了 8000 亿元。尽管这些地区的海洋生产总值达到了较高水平,但对海洋资源的利用程度相对粗放,经济总量与经济效率水平并不对等。

第四梯队为低效率区域,包括山东和辽宁两个省。山东海洋经济总量较大,多数年份内其海洋生产总值仅次于广东,位居全国第二,但山东海洋渔业产值较大,对海洋资源的依赖程度较高,特别是近年来海水养殖饵料投喂、渔用药物以及劣质苗种带来的 COD、氨氮排放,形成了海水富营养化等问题(操建华,2018),导致了严重的海洋环境问题。同时,山东海洋矿业产值约占全国的 70%,海洋化工也保持较高产值,这些产业发展对资源环境的影响程度较高,因此,导致海洋经济绿色生产效率偏低。与山东类似,辽宁海洋渔业产值占比较高,且辽宁海洋经济体量相对有限,海洋经济发展相对滞后,导致海洋经济效率偏低。

3.4.3 海洋经济绿色生产效率动态演变分析

本章重点关注研究期内各省(区、市)海洋经济绿色生产效率的动态演进,从而探寻我国海洋经济生产过程中存在的问题。如图 3-7 所示，研究期内，从全国层面来看，我国海洋经济绿色生产效率呈现稳定增长态势，平均效率水平从 0.4756 增长至 0.5221。从具体的海洋经济圈来看，东部海洋经济圈的海洋经济绿色生产效率增长最为迅速，从 2006 年的 0.4873 增长至 2018 年的 0.6650，在三大经济圈中从第二位跃升为第一位；从增速上来看，“十一五”阶段东部海洋圈的海洋经济绿色生产效率增长较为迅速，自“十二五”阶段以来，增长略有放缓。北部海洋经济圈的海洋经济绿色生产效率在研究期也呈现增长态势，但较之于东部海洋经济圈，效率增长速度较平缓；从效率水平来看，北部海洋经济圈发展水平明显低于其他两个区域，效率水平还有待进一步提升。南部海洋经济圈在“十一五”阶段的海洋经济绿色生产效率明显高于其他地区，在“十一五”阶段呈现轻微上升；“十二五”以来，未能保持这一上升态势，而呈现连年下降趋势，自 2011 年开始，海洋经济绿色生产效率已被东部海洋经济圈超越，在三大经济圈中位居第二，但仍高于全国平均水平；“十三五”阶段，南部海洋经济圈的海洋经济绿色生产效率的下降趋势并没有得以缓解，并一度低于全国平均水平，这表明海洋经济在南部海洋经济圈的资源环境约束日趋明显。

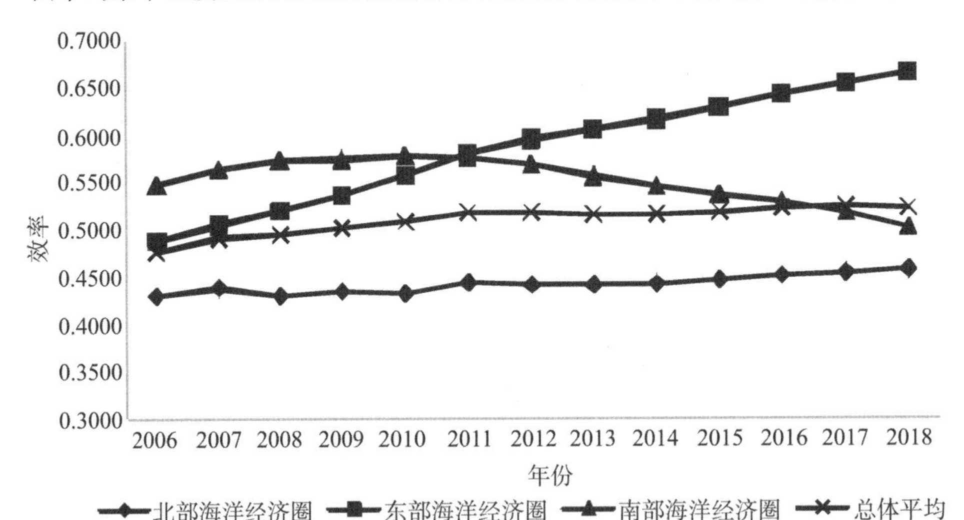

图 3-7　三大海洋经济圈海洋经济绿色生产效率演变

接下来对具体的海洋经济圈及相关省(区、市)进行分析。

北部海洋经济圈的各省(市)海洋经济绿色增长效率变动情况差异性较大，呈现两极分化态势，如图 3-8 所示。具体来看，天津在南部海洋经济圈中的四个省(市)中效率水平最高，且在“十一五”与“十二五”阶段均保持效率增长态势，但增长幅度相对有限，且这一增长态势在“十三五”阶段并没有得以维持，资源环境约束在这一阶段逐渐凸显，在高质量发展背景下，如何实现海洋经济效率提升是天津当前面临的一大问题。河北海洋经济绿色生产效率在北部海洋经济圈中也属于上游水平，特别是在“十一五”阶段，发展态势与天津基本一致，但资源环境约束在2010年就成为制约河北海洋经济发展的一大问题，海洋经济绿色生产效率呈现下降态势，并一直延续到“十二五”末期，在国家和地区海洋经济发展及环境治理政策下，自2015年开始，河北的海洋经济绿色生产效率出现回转，并呈现平稳上升态势。与此相比，研究期内山东海洋经济总体绿色生产效率水平偏低，但增长趋势明显，从研究初期的0.2337至2018年的0.3364，增长幅度高达43.95%，表明该地区海洋经济的发展环境处于不断优化态势，海洋经济形势向好，但与高效率区域相比，仍存在较大的改进空间。辽宁在四个省(市)中波动性最强，且在多数年份内海洋经济绿色生产效率也是最低的。其中，在2008年开始，伴随地区海洋事业的开发程度不断加大，对海洋资源的消耗量明显增加，由此导致海洋环境污染问题加据，因此，导致海洋经济绿色生产效率的明显下降，这一现象一直延续到了“十一五”末期；“十二五”阶段，辽宁海洋经济绿色生产效率处于平稳状态，伴随海洋经济体量的增加，海洋经济绿色生产效率并未出现有效提高，资源环境约束问题依旧存在并于“十三五”阶段得以好转，出现了较为明显的上升，但与其他省(市)相比还有较大的提升空间。

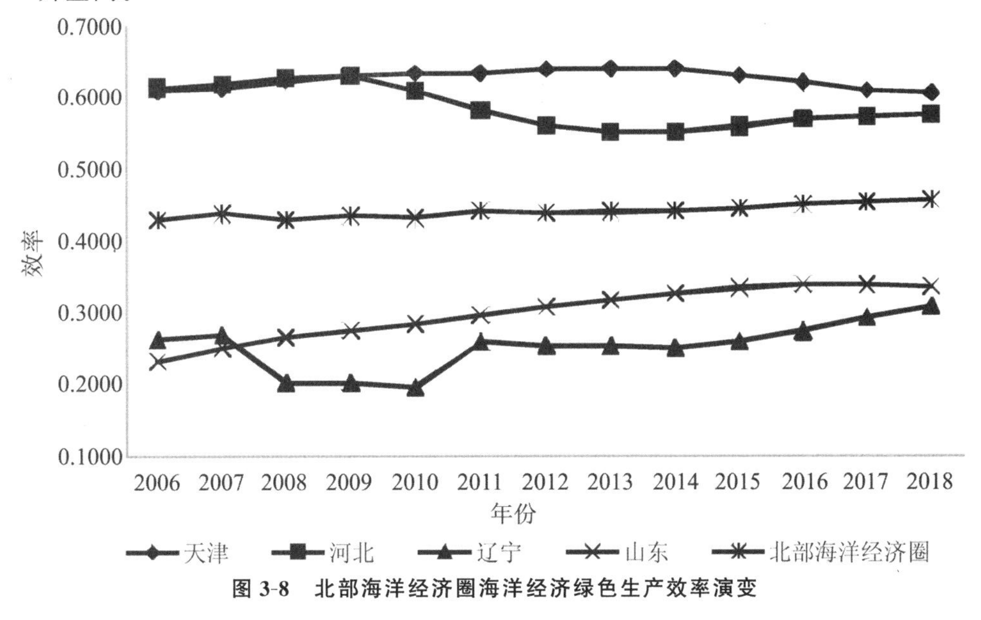

图3-8 北部海洋经济圈海洋经济绿色生产效率演变

如图3-9所示，海洋经济绿色生产效率在东部海洋经济圈涉及的三个省

(市)均呈现上涨趋势。具体来看,上海研究初期海洋经济绿色生产效率即保持较高水平,从 2006 年的 0.6720 到 2018 年的 0.9759,效率值增长了 45.22%,特别是在"十二五""十三五"时期,各省(区、市)海洋经济进入调整期,效率增长速度放缓,部分地区效率一度出现下滑,而上海效率增长则呈现加速状态,在效率水平以及效率增长速度方面均优于江苏和浙江。上海属于海洋经济先发区域,较早进行海洋经济产业结构调整,通过发展现代海洋产业等方式较大程度上缓解了海洋经济的资源环境约束问题,从而保证了海洋经济绿色生产的高效。浙江和江苏的海洋经济绿色生产效率在研究期内也呈现增长态势,但是与上海相比,增长幅度较为平缓,特别是进入"十二五"以来,资源环境约束问题逐渐明显,海洋经济的绿色生产效率增长速度逐渐放缓,仍呈现效率提升态势。这一结果的出现也说明东部海洋经济圈各省(市)的海洋经济政策得到了很好的实施,海洋经济呈现良性增长态势。

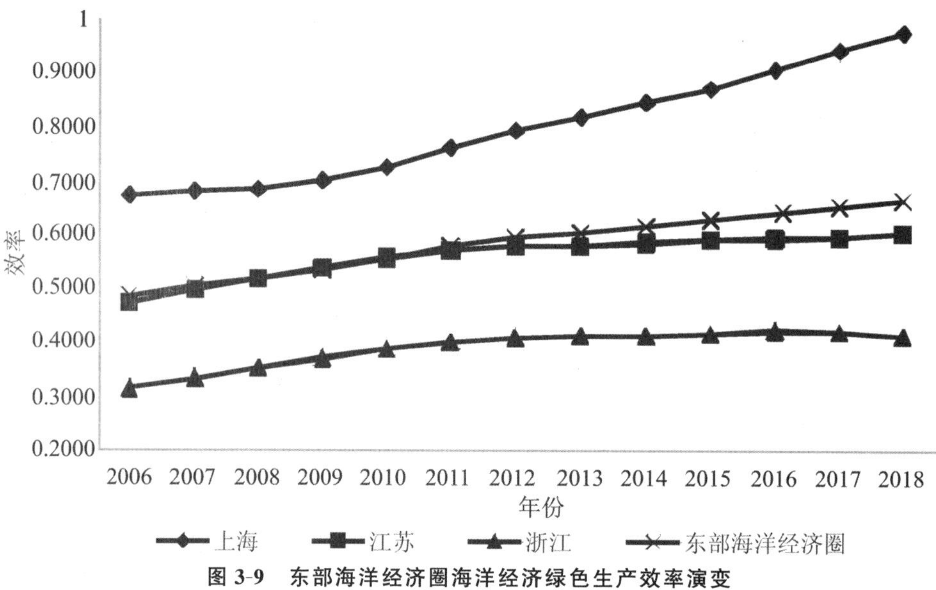

图 3-9　东部海洋经济圈海洋经济绿色生产效率演变

图 3-10 展示了南部海洋经济圈海洋经济绿色生产效率的走势,结果表明,南部海洋经济圈海洋经济效率整体呈现先上升后下降的发展走势,各省(区)海洋经济绿色增长效率区域收敛。具体来看,海南与广西的走势基本一致,这两个省(区)属于第二梯队,为中高效率区域,但研究期内,海洋经济绿色增长效率均呈现下降趋势,分别下降了 25.73%和 21.89%,表明资源环境约束在这两个省(区)逐渐收紧,如何突破现阶段发展瓶颈实现海洋经济高质量发展是这两个省(区)面临的重大挑战。与之相反,尽管广东在研究初期的海洋经济绿色生产

效率仅为0.3386,但近年来,海洋经济发展势头强劲,不仅实现了海洋经济生产总值的巨大突破,海洋经济绿色生产效率也呈现明显的增长态势,到2018年已达到了0.4890,增长幅度达44.42%。福建海洋经济绿色生产效率走势与南部海洋经济圈走势基本一致,在"十一五"阶段海洋经济绿色生产效率呈现提升态势,但自2011年以后,资源环境约束不断收紧,绿色生产效率出现下降。需要指出的是,南部海洋经济圈一大典型特点表现为四个省(区)的海洋经济绿色增长效率趋同性显著,区域间的效率差异不断缩小,这一现象的产生可能与区域间的要素流动有关。

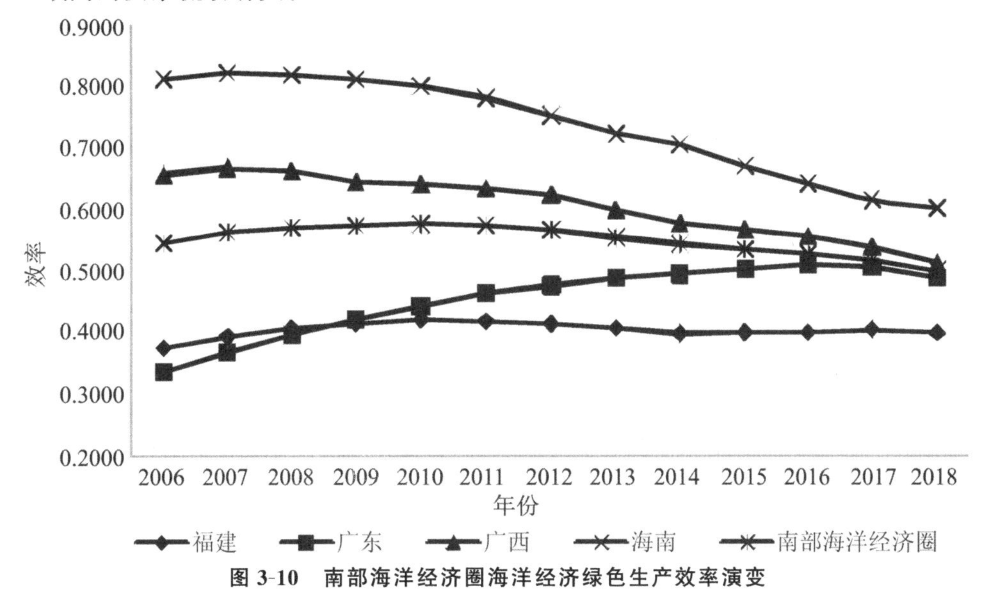

图3-10 南部海洋经济圈海洋经济绿色生产效率演变

3.5 本章小结

本章考虑海洋经济生产环节的资源环境约束,追踪海洋经济最终产品——海洋生产总值的产出过程,构建了一种新的考虑非期望产出的中立型策略交叉效率评价模型,弥补了传统效率自评体系下效率值高估与权重信息利用不足的问题;根据海洋经济的要素利用特点,选取并构造了海洋经济绿色增长效率指标体系;最后,将其应用于我国海洋经济绿色增长的效率分析,从总体效率特征、区域效率差异以及效率动态演变三个角度探明了我国海洋经济在海洋生产总值产生过程中的效率特征,为海洋经济政策的制定与实施提供了帮助,本书的主要结论包括以下几个方面。

第一,从整体来看,我国海洋经济生产效率呈现波动上升态势,但距离完全有效还具有较大的差距。研究期内我国海洋经济绿色生产效率的平均水平约为0.5000。从变化趋势来看，海洋经济效率变化与我国国民经济的五年规划呈现一定的相关性，即在“十一五”期间上升速度较快，“十二五”期间略有下滑，“十三五”缓慢提升。

第二，从区域差距来看，11个沿海省（区、市）可划分为四个等级。其中上海的海洋经济效率优势较为明显，显著高于其他省（区、市），是海洋经济的先发城市；海南、天津、广西、河北和江苏为中高效率区域，这些省（区、市）海洋生产总值体量相对较小，海洋经济规模有限；中低效率与低效率省（区、市）多为海洋经济规模较大的省（区、市），这也表明，海洋经济总量与效率之间并不存在相关性，海洋经济大省（市）与强省（市）之间还有较大差距。

第三，从具体来源经济圈及其动态演化来看，呈现出区域差异性特征。北部海洋经济圈的各省（市）海洋经济绿色增长效率变动情况差异性较大，呈现两极分化态势；东部海洋经济圈涉及的三个省（市）海洋经济绿色增长效率均呈现上涨趋势；南部海洋经济圈海洋经济绿色增长效率整体呈现先上升后下降的发展走势，各省（区）海洋经济绿色增长效率区域收敛。

4 基于生产与环境治理环节的海洋经济绿色增长效率的评价

海洋经济作为当前国民经济发展新的增长极，实现海洋经济增长与海洋环境保护的共赢、提高海洋经济绿色增长效率已成为当前海洋经济发展的必然要求。本书将基于生产环节与环境治理环节的海洋经济绿色增长效率分析框架，构建一种新的网络交叉效率模型；搭建海洋经济绿色增长效率评价的投入产出指标体系；并从时间和区域等维度对我国海洋经济绿色增长效率、生产效率和环境治理效率进行系统分析，以期为制定科学、合理的海洋经济高质量发展政策提供实证依据。

4.1 现有网络交叉效率模型缺陷

现有研究已开始尝试将网络 DEA 模型与交叉效率模型进行融合(向小东和赵子燎，2017)。一方面，通过加法分解或乘法分解等方式对评价对象的综合效率与具体环节效率进行系统测算；另一方面，有效挖掘权重信息，通过自评与他评相结合抵消传统 DEA 模型中权重设置可能存在的极端化问题，实现对决策单元效率的充分排序。然而，现有的交叉效率网络模型并不能很好地适配于我国海洋经济绿色增长效率评价研究，主要体现在以下两个方面。

(1) 与海洋经济内部运行结构的匹配问题

现有研究在进行交叉效率模型与网络 DEA 模型结合研究时，主要基于简单链式结构(Kao 和 Liu，2019；Orkcu 等，2019；Meng 和 Xiong，2021)。这种结构不能较好地与海洋经济生产相结合。在现实海洋经济生产过程中，经济主体之间的投入产出关系交错复杂，呈现出多样化的内部网络结构，不同位置结点的运作效率直接关系到与之关联结点的生产活动，进而影响 DMU 的整体效率。但是现有的适用于海洋经济绿色增长效率内部流程结构的网络 DEA 模型(丁黎黎等,2018;Ding 等, 2020)又往往是基于自评框架,扬长避短的投入产出权重设置容易导致效率结果的高估,难以实现对有效决策单元的区分。因此,需要进一步从我国海洋经济绿色增长的现实诉求出发,在网络交叉效率思想框架下对其网络结构予以丰富优化。

(2) 生产与治理两阶段关系的权衡问题

现有学者提出以某一阶段效率最大化为二次目标(薛凯丽等,2021),以体现网络结果中的主次关系;或基于交叉效率中的压他或利众策略(Kao 和 Liu, 2019),最大化或最小化对其他决策单元的评价结果,暗含着被评价决策单元之间的竞争或合作关系。二次目标的设置反映了决策者对被评价决策单元内部各阶段关系以及决策单元之间关系的认识。在我国社会主义市场经济的背景之下,经济主体之间并不是简单的竞合关系;同时,“生态文明”“美丽中国”“绿色发展”等理念的提出,使得各省(区、市)更关注于如何兼顾“绿水青山”与“金山银山”,推进海洋经济发展与海洋环境保护的共赢。因此,以往二次目标的设置并不符合当前我国海洋经济的发展理念,海洋经济绿色增长效率评价模型的目标设置有待于体现出我国经济增长与环境保护并重的发展思想。

上述问题导致以往效率评价模型并不能很好地对我国海洋经济绿色增长效率给予系统性评价。本书拟根据我国海洋经济绿色增长效率评价的现实诉求,充分发挥网络 DEA 模型以及交叉效率思想的优势,设计一种新的网络交叉效率模型,并将其应用于分析我国海洋经济绿色增长效率,从而破除海洋经济绿色增长效率评价中的“黑箱”,立体性刻画海洋经济在生产、环境治理等阶段的效率,实现对海洋经济绿色增长效率的全面系统性评价。

4.2 海洋经济绿色增长效率评估模型构建

本书基于 Ding 等(2020)提出的基于中立策略的交叉效率模型,构建了一种新的基于中立策略的生产一治理两阶段交叉效率模型。相较于以往研究,该模型的优势在于以下三方面:一是优化了海洋经济的两阶段网络结构。从海洋经济内部要素利用与流向入手,设计了包含生产阶段与环境治理阶段的两阶段网络结构,更贴合于海洋经济的实际生产过程,解决了已有简单链式串联网络交叉效率评价在海洋经济绿色增长效率评价研究的不适配性。二是以中立策略设置二次目标,更能体现经济发展与环境保护协同发展的目标。在既定综合效率最大化前提下,本书给出一种新的效率求取策略,不以某一特定阶段为主导,从全局思想出发,以实现生产阶段与环境治理阶段的效率协调与最大化为二次目标,更能体现当前我国高质量发展背景下的发展理念。三是引入交叉思想。交叉互评避免了各决策单元“扬长避短”的权重选择，其评价结果更为客观真实。本部分将对基于中立策略的生产－治理两阶段交叉效率模型进行系统介绍。

4.2.1 两阶段加法效率分解模型

网络 DEA 模型从系统间的内部结构入手，关注系统内部的投入产出要素流向，通过加法分解或乘法分解等方式对评价对象的综合效率与具体环节效率进行系统测算。加法分解方式更适用于具有复杂网络特征的多阶段效率评价研究。本部分对两阶段加法效率分解模型的构建过程予以简单阐述。首先，明确网络结构，以及综合效率与各子阶段效率的分解形式；其次，设置以实现综合效率最大化为目标的线性分式规划；最后，为确保评价结果的唯一性，设置二次目标策略。下面本书将对常见的两种二次目标策略进行阐释。

假定 n 个决策单元处于两阶段串联网络结构。在第一阶段中，每个决策单元 $DMU_j(j=1,2,\cdots,n)$ 在使用 I 种投入要素 $x_{ij}(i=1,2,\cdots,I)$ 时，产生 P 种期望产出 $z_{pj}(p=1,2,\cdots,P)$；在第二阶段，第一阶段产生的所有产品全部进入第二阶段，并作为第二阶段的全部投入，产生 R 种期望产出 $y_{rj}(r=1,2,\cdots,R)$（图 4-1）。

→ 第一阶段 → 第二阶段 →

图 4-1 基本两阶段网络结构

根据 Yao 等(2010)建立的加法效率分解思路，综合效率 E_{kk} 为其各阶段效率 E_{kk}^1、E_{kk}^2 加权和，则经典两阶段网络的加法效率分解结构下，DMU_k 综合效率可以表示为：

$$E_{kk}=w_{kk}^1\frac{\sum_{p=1}^{P}\overline{\omega}_{pk}z_{pk}}{\sum_{i=1}^{I}\nu_{ik}x_{ik}}+w_{kk}^2\frac{\sum_{r=1}^{R}\mu_{rk}y_{rk}}{\sum_{p=1}^{P}\overline{\omega}_{pk}z_{pk}} \tag{4-1}$$

$$E_{kk}^1=\frac{\sum_{p=1}^{P}\overline{\omega}_{pk}z_{pk}}{\sum_{i=1}^{I}\nu_{ik}x_{ik}} \tag{4-2}$$

$$E_{kk}^2\frac{\sum_{r=1}^{R}\mu_{rk}y_{rk}}{\sum_{p=1}^{P}\overline{\omega}_{pk}z_{pk}} \tag{4-3}$$

式中，ν_{ik}、$\overline{\omega}_{pk}$、μ_{rk} 分别为 x_{ik}、$\overline{\omega}_{pk}$ 以及 y_{rk} 的系数。w_{kk}^1、w_{kk}^2 分别为第一、二阶段的权重，一般可通过各阶段投入占比衡量，即

$$w_{kk}^{1}=\frac{\sum_{i=1}^{I}\nu_{ik}x_{ik}}{\sum_{i=1}^{I}\nu_{ik}x_{ik}+\sum_{p=1}^{P}\varpi_{pk}z_{pk}} \tag{4-4}$$

$$w_{kk}^{2}=\frac{\sum_{p=1}^{P}\varpi_{pk}z_{pk}}{\sum_{i=1}^{I}\nu_{ik}x_{ik}+\sum_{p=1}^{P}\varpi_{pk}z_{pk}} \tag{4-5}$$

这里，$w_{kk}^{1}+w_{kk}^{2}=1$，将式(4-4)、式(4-5)带入式(4-1)中，则可获得经典两阶段网络结构下 DMU_k 的综合效率，表示如下：

$$\begin{aligned}E_{kk}&=w_{kk}^{1}\frac{\sum_{p=1}^{P}\varpi_{pk}z_{pk}}{\sum_{i=1}^{I}\nu_{ik}x_{ik}}+w_{kk}^{2}\frac{\sum_{r=1}^{R}\mu_{rk}y_{rk}}{\sum_{p=1}^{P}\varpi_{pk}z_{pk}}\\&=\frac{\sum_{i=1}^{I}\nu_{ik}x_{ik}}{\sum_{i=1}^{I}\nu_{ik}x_{ik}+\sum_{p=1}^{P}\varpi_{pk}z_{pk}}\times\frac{\sum_{p=1}^{P}\varpi_{pk}z_{pk}}{\sum_{i=1}^{I}\nu_{ik}x_{ik}}+\frac{\sum_{p=1}^{P}\varpi_{pj}z_{pj}}{\sum_{i=1}^{I}\nu_{ik}x_{ik}+\sum_{p=1}^{P}\varpi_{pk}z_{pk}}\\&\times\frac{\sum_{r=1}^{R}\mu_{rk}y_{rk}}{\sum_{p=1}^{P}\varpi_{pk}z_{pk}}\\&=\frac{\sum_{p=1}^{P}\varpi_{pk}z_{pk}+\sum_{r=1}^{R}\mu_{rk}y_{rk}}{\sum_{i=1}^{I}\nu_{ik}x_{ik}+\sum_{p=1}^{P}\varpi_{pk}z_{pk}}\end{aligned} \tag{4-6}$$

因此，综合效率测算的目标与约束如下：

$$\max\left(\frac{\sum_{p=1}^{P}\varpi_{pk}z_{pk}+\sum_{r=1}^{R}\mu_{rk}y_{rk}}{\sum_{i=1}^{I}\nu_{ik}x_{ik}+\sum_{p=1}^{P}\varpi_{pk}z_{pk}}\right)$$

$$s.t.\begin{cases}\dfrac{\sum_{p=1}^{P}\varpi_{pk}z_{pj}+\sum_{r=1}^{R}\mu_{rk}y_{rj}}{\sum_{i=1}^{I}\nu_{ik}x_{ij}+\sum_{p=1}^{P}\varpi_{pk}z_{pj}}\leqslant 1,j=1,\cdots,n\\\dfrac{\sum_{p=1}^{P}\varpi_{pk}z_{pj}}{\sum_{i=1}^{I}\nu_{ik}x_{ij}}\leqslant 1,j=1,\cdots,n\\\dfrac{\sum_{r=1}^{R}\mu_{rk}y_{rj}}{\sum_{p=1}^{P}\varpi_{pk}z_{pj}}\leqslant 1,j=1,\cdots,n\\\varpi_{pk}\geqslant 0,p=1,\cdots,P;\nu_{ik}\geqslant 0,i=1,\cdots,I\\\varpi_{pk}\geqslant 0,p=1,\cdots,P\end{cases} \tag{4-7}$$

式(4-7)是非线性的，利用 Charnes-Cooper 变换将式(4-7)进行线性化改写如下：

$$\max \sum_{p=1}^{P} \overline{\omega}_{pk} z_{pk} + \sum_{r=1}^{R} \mu_{rk} y_{rk}$$

$$s.t.\begin{cases} \sum_{i=1}^{I} \nu_{ik} x_{ij} + \sum_{p=1}^{P} \overline{\omega}_{pk} z_{pk} = 1 \\ \sum_{r=1}^{R} \mu_{rk} y_{rj} - \sum_{i=1}^{I} \nu_{ik} x_{ij} \leqslant 0, j = 1, \cdots, n \\ \sum_{r=1}^{R} \mu_{rk} y_{rj} - \sum_{p=1}^{P} \overline{\omega}_{pk} z_{pk} \leqslant 0, j = 1, \cdots, n \\ \sum_{p=1}^{P} \overline{\omega}_{pk} z_{pk} - \sum_{i=1}^{I} \nu_{ik} x_{ik} \leqslant 0, j = 1, \cdots, n \\ \overline{\omega}_{pk} \geqslant 0, p = 1, \cdots, P; \nu_{ik} \geqslant 0, i = 1, \cdots, I \\ \overline{\omega}_{pk} \geqslant 0, p = 1, \cdots, P \end{cases} \tag{4-8}$$

通过式(4-8),可获得在两阶段网络结构中各投入产出要素的权重,进而获取各阶段以及综合效率结果。然而,式(4-8)仅仅能保证综合效率评价结果的唯一性,无法保证各子阶段效率结果的稳定性。因此,有必要根据不同的现实情况对网络模型进行进一步约束,较为常见的约束表现为在保持综合效率不变的前提下最大化某一特定阶段的效率值,即将网络结构中的某一环节作为重点。

(1) 第一阶段主导下的两阶段网络模型

以第一阶段为主导,即在既定的综合效率水平下,以提高第一阶段效率为目标,而第二阶段处于从属状态。如在经济发展的早期阶段,以发展经济为核心目标,重点在于提高生产效率,而对于环境保护等问题不甚关注。假定以第一阶段为主导者,第二阶段为跟随者,将二次目标设定为最大化第一阶段效率,则构建以下约束:

$$\max E_{kk}^{1+} = \frac{\sum_{p=1}^{P} \overline{\omega}_{pk} z_{pk}}{\sum_{i=1}^{I} \nu_{ik} x_{ik}}$$

$$s.t.\begin{cases} \dfrac{\sum_{p=1}^{P} \overline{\omega}_{pk} z_{pk} + \sum_{r=1}^{R} \mu_{rk} y_{rk}}{\sum_{i=1}^{I} \nu_{ik} x_{ik} + \sum_{p=1}^{P} \overline{\omega}_{pk} z_{pk}} = E_{kk} \\ \sum_{p=1}^{P} \overline{\omega}_{pk} z_{pj} - \sum_{i=1}^{I} \nu_{ik} x_{ij} \leqslant 0, j = 1, \cdots, n \\ \sum_{r=1}^{R} \mu_{rk} y_{rj} - \sum_{i=1}^{I} \nu_{ik} x_{ij} \leqslant 0, j = 1, \cdots, n \\ \sum_{r=1}^{R} \mu_{rk} y_{rj} - \sum_{p=1}^{P} \overline{\omega}_{pk} z_{pj} \leqslant 0, j = 1, \cdots, n \\ \overline{\omega}_{pk} \geqslant 0, p = 1, \cdots, P; \nu_{ik} \geqslant 0, i = 1, \cdots, I \\ \overline{\omega}_{pk} \geqslant 0, p = 1, \cdots, P \end{cases} \tag{4-9}$$

第一阶段效率 E_{kk}^{1+} 为:

$$E_{kk}^{1+} = \frac{\sum_{p=1}^{P} \varpi_{pk}^{*} z_{pk}}{\sum_{i=1}^{I} \nu_{ik}^{*} x_{ik}} \tag{4-10}$$

第二阶段效率 E_{kk}^{2-} 为：

$$E_{kk}^{2-} = \frac{E_{kk} - w_{kk}^{1*} \times E_{kk}^{1+}}{w_{kk}^{2*}} = \frac{\sum_{r=1}^{R} \mu_{rk}^{*} y_{rj}}{\sum_{p=1}^{P} \varpi_{pk}^{*} z_{pj}} \tag{4-11}$$

式中，w_{kk}^{1*} 和 w_{kk}^{2*} 代表通过模型获取的各投入产出最优权重下第一阶段与第二阶段在综合效率评价中的权重占比。在一定程度上表明，在这一生产体系中第一阶段具有优于第二阶段的优先级，该模型称为 Stackelberg 两阶段主从博弈效率模型。

(2) 第二阶段主导下的两阶段网络模型

以第二阶段为主导下的两阶段网络模型在效率求解过程中，在保持综合效率最大化的前提下，以实现第二阶段的效率水平最大化为目标，模型如下所示：

$$\max E_{kk}^{2+} = \frac{\sum_{r=1}^{R} \mu_{rk} y_{rk}}{\sum_{p=1}^{P} \varpi_{pk} z_{pk}}$$

$$s.t. \begin{cases} \dfrac{\sum_{p=1}^{P} \varpi_{pk} z_{pk} + \sum_{r=1}^{R} \mu_{rk} y_{rk}}{\sum_{i=1}^{I} \nu_{ik} x_{ik} + \sum_{p=1}^{P} \varpi_{pk} z_{pk}} = E_{kk} \\ \sum_{p=1}^{P} \varpi_{pk} z_{pj} - \sum_{i=1}^{I} \nu_{ik} x_{ij} \leqslant 0, j = 1, \cdots, n \\ \sum_{r=1}^{R} \mu_{rk} y_{rj} - \sum_{i=1}^{I} \nu_{ik} x_{ij} \leqslant 0, j = 1, \cdots, n \\ \sum_{r=1}^{R} \mu_{rk} y_{rj} - \sum_{p=1}^{P} \varpi_{pk} z_{pj} \leqslant 0, j = 1, \cdots, n \\ \varpi_{pk} \geqslant 0, p = 1, \cdots, P; \nu_{ik} \geqslant 0, i = 1, \cdots, I \\ \varpi_{pk} \geqslant 0, p = 1, \cdots, P \end{cases} \tag{4-12}$$

与第一阶段主导下的两阶段网络模型不同，该模型以实现第二阶段效率最大化为目标，而不关注第一阶段的状况，通过模型获取的第二阶段效率值记为 E_{kk}^{2+}，而将第一阶段的效率结果记为 E_{kk}^{1-}。

$$E_{kk}^{2+} = \frac{\sum_{r=1}^{R} \mu_{rk}^{*} y_{rk}}{\sum_{p=1}^{P} \varpi_{pk}^{*} z_{pk}} \tag{4-13}$$

$$E_{kk}^{1-} = \frac{E_{kk} - w_{kk}^{2*} \times E_{kk}^{2+}}{w_{kk}^{1*}} = \frac{\sum_{p=1}^{P} \varpi_{pk}^{*} z_{pk}}{\sum_{i=1}^{I} \nu_{ik}^{*} x_{ik}} \tag{4-14}$$

事实上，在多数情形下，$E_{kk}^{1-} \neq E_{kk}^{1+}$，$E_{kk}^{2-} \neq E_{kk}^{2+}$，这种效率评价结果的不一致性容易致使在评判不同决策单元在各个环节的效率水平时产生较大偏差，无法形成一致性评价结果，导致评价结果失之偏颇。

4.2.2 生产－治理两阶段网络结构设计

结合海洋经济绿色增长效率的内部运行结构分析，考虑搭建一种生产－治理的两阶段网络结构，如图 4-2 所示。假定存在 n 个决策单元 $DMU_j(j=1,2,\cdots,n)$，每个 $DMU_j(j=1,2,\cdots,n)$ 在生产阶段使用 I 种投入要素 $x_{ij}(i=1,2,\cdots,I)$，产生 Q 种期望产出 $y_{qj}(q=1,2,\cdots,Q)$，同时伴随 P 种非期望产出 $z_{Pj}(p=1,2,\cdots,P)$，其中期望产出直接离开该系统，非期望产出全部流入第二阶段，作为第二阶段的部分投入；第二阶段为环境治理阶段，以第一阶段的 P 种非期望产出 $z_{Pj}(p=1,2,\cdots,P)$ 以及 S 种外源性投入 $g_{sj}(s=1,2,\cdots,S)$ 产生 R 种期望产出 $y_{rj}(r=1,2,\cdots,R)$。生产－治理的两阶段网络结构如图 4-2 所示。

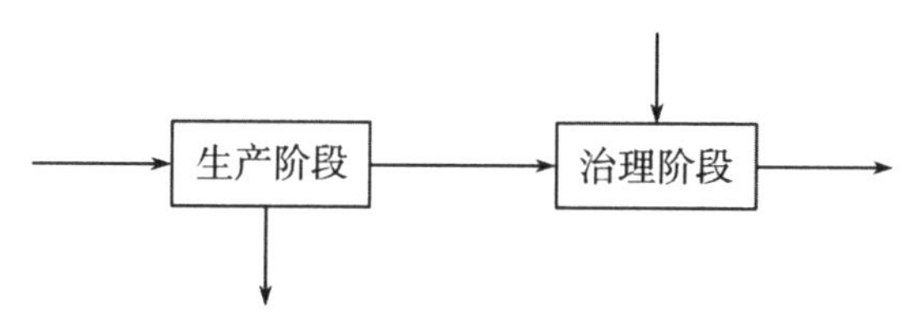

图 4-2 生产－治理两阶段网络结构

对于该生产－治理的两阶段网络结构，通过中间的非期望产出 $z_{Pj}(p=1,2,\cdots,P)$ 将生产阶段与环境治理阶段贯通。其中，在生产阶段，中间产出具有非期望产出的性质，与传统的两阶段网络结构不同，该中间产出在该阶段越小越好，为此，对非期望产出 $z_{Pj}(p=1,2,\cdots,P)$ 在第一阶段进行正向化处理，并将正向化处理后的非期望产出记为 $\hat{z}_{Pj}(p=1,2,\cdots,P)$；在治理阶段，作为第二部分投入，仍与传统的投入品具有一定的差异性，即被认为是一种非期望的投入，这种“坏”投入的增加可能还会引致期望产出的缩减，本书仿照 Liu 等(2015)以及李丽芳等(2021)的处理思路，将正向化的 $\hat{z}_{Pj}(p=1,2,\cdots,P)$ 连同外源性投入 $g_{sj}(s=1,2,\cdots,S)$ 进入第二阶段。在这一生产－治理两阶段网络结构下，对 4.2.1 节给出的两阶段加法效率分解模型进行拓展，定义综合效率与子阶效率。

(1) 自评体系下的生产效率

$$E_{kk}^{1} = \frac{\sum_{p=1}^{P} \hat{\omega}_{pk} \hat{z}_{pk} + \sum_{q=1}^{Q} \tau_{qk} y_{qk}}{\sum_{i=1}^{I} \nu_{ik} x_{ik}} \tag{4-15}$$

(2) 自评体系下的环境治理效率

$$E_{kk}^{2}=\frac{\sum_{r=1}^{R}\mu_{rk}y_{rk}}{\sum_{p=1}^{P}\hat{\bar{\omega}}_{pk}\hat{z}_{pk}+\sum_{s=1}^{S}\upsilon_{sk}g_{sk}} \tag{4-16}$$

(3) 自评体系下的综合效率

$$E_{kk}=w_{kk}^{1}\frac{\sum_{p=1}^{P}\hat{\bar{\omega}}_{pk}\hat{z}_{pk}+\sum_{q=1}^{Q}\tau_{qk}y_{qk}}{\sum_{i=1}^{I}\nu_{ik}x_{ik}}+w_{kk}^{2}\frac{\sum_{r=1}^{R}\mu_{rk}y_{rk}}{\sum_{p=1}^{P}\hat{\bar{\omega}}_{pk}\hat{z}_{pk}+\sum_{s=1}^{S}\upsilon_{sk}g_{sk}} \tag{4-17}$$

式中，w_{kk}^{1}、w_{kk}^{2} 分别为生产效率、环境治理效率的权重，通过各阶段投入占比衡量，即

$$w_{kk}^{1}=\frac{\sum_{i=1}^{I}\nu_{ik}x_{ik}}{\sum_{i=1}^{I}\nu_{ik}x_{ik}+\sum_{p=1}^{P}\hat{\bar{\omega}}_{pk}\hat{z}_{pk}+\sum_{s=1}^{S}\upsilon_{sk}g_{sk}} \tag{4-18}$$

$$w_{kk}^{2}=\frac{\sum_{p=1}^{P}\hat{\bar{\omega}}_{pk}\hat{z}_{pk}+\sum_{s=1}^{S}\upsilon_{sk}g_{sk}}{\sum_{i=1}^{I}\nu_{ik}x_{ik}+\sum_{p=1}^{P}\hat{\bar{\omega}}_{pk}\hat{z}_{pk}+\sum_{s=1}^{S}\upsilon_{sk}g_{sk}} \tag{4-19}$$

显然，$w_{kk}^{1}+w_{kk}^{2}=1$，将式(4-18)和式(4-19)带入式(4-17)中，则 DMU_k 的综合效率又可以写为：

$$\begin{aligned}E_{kk}&=w_{kk}^{1}\frac{\sum_{p=1}^{P}\hat{\bar{\omega}}_{pk}\hat{z}_{pk}+\sum_{q=1}^{Q}\tau_{qk}y_{qk}}{\sum_{i=1}^{I}\nu_{ik}x_{ik}}+w_{kk}^{2}\frac{\sum_{r=1}^{R}\mu_{rk}y_{rk}}{\sum_{p=1}^{P}\hat{\bar{\omega}}_{pk}\hat{z}_{pk}+\sum_{s=1}^{S}\upsilon_{sk}g_{sk}}\\&=\frac{\sum_{i=1}^{I}\nu_{ik}x_{ik}}{\sum_{i=1}^{I}\nu_{ik}x_{ik}+\sum_{p=1}^{P}\hat{\bar{\omega}}_{pk}\hat{z}_{pk}+\sum_{s=1}^{S}\upsilon_{sk}g_{sk}}\frac{\sum_{p=1}^{P}\hat{\bar{\omega}}_{pk}\hat{z}_{pk}+\sum_{q=1}^{Q}\tau_{qk}y_{qk}}{\sum_{i=1}^{I}\nu_{ik}x_{ik}}\\&+\frac{\sum_{p=1}^{P}\hat{\bar{\omega}}_{pk}\hat{z}_{pk}+\sum_{s=1}^{S}\upsilon_{sk}g_{sk}}{\sum_{i=1}^{I}\nu_{ik}x_{ik}+\sum_{p=1}^{P}\hat{\bar{\omega}}_{pk}\hat{z}_{pk}+\sum_{s=1}^{S}\upsilon_{sk}g_{sk}}\frac{\sum_{r=1}^{R}\mu_{rk}y_{rk}}{\sum_{p=1}^{P}\hat{\bar{\omega}}_{pk}\hat{z}_{pk}+\sum_{s=1}^{S}\upsilon_{sk}g_{sk}}\\&=\frac{\sum_{p=1}^{P}\hat{\bar{\omega}}_{pk}\hat{z}_{pk}+\sum_{q=1}^{Q}\tau_{qk}y_{qk}+\sum_{r=1}^{R}\mu_{rk}y_{rk}}{\sum_{i=1}^{I}\nu_{ik}x_{ik}+\sum_{p=1}^{P}\hat{\bar{\omega}}_{pk}\hat{z}_{pk}+\sum_{s=1}^{S}\upsilon_{sk}g_{sk}}\end{aligned} \tag{4-20}$$

DMU_k 的综合效率在自评体系下满足如下约束：

$$E_{kk}=\frac{\sum_{p=1}^{P}\hat{\bar{\omega}}_{pk}\hat{z}_{pk}+\sum_{q=1}^{Q}\tau_{qk}y_{qk}+\sum_{r=1}^{R}\mu_{rk}y_{rk}}{\sum_{i=1}^{I}\nu_{ik}x_{ik}+\sum_{p=1}^{P}\hat{\bar{\omega}}_{pk}\hat{z}_{pk}+\sum_{s=1}^{S}\upsilon_{sk}g_{sk}}$$

$$
s.t.\begin{cases}\sum_{p=1}^{P}\hat{\bar{\omega}}_{pk}\hat{z}_{pj}+\sum_{q=1}^{Q}\tau_{qk}y_{qj}-\sum_{i=1}^{I}\nu_{ik}x_{ij}\leqslant 0,j=1,2,\cdots,n\\ \sum_{r=1}^{R}\mu_{rk}y_{rj}-\sum_{p=1}^{P}\hat{\bar{\omega}}_{pk}\hat{z}_{pk}-\sum_{s=1}^{S}\upsilon_{sk}g_{sj}\leqslant 0,j=1,2,\cdots,n\\ \hat{\bar{\omega}}_{pk}\geqslant 0,p=1,2,\cdots,P;\tau_{qk}\geqslant 0,q=1,2,\cdots,Q\\ \nu_{ik}\geqslant 0,i=1,2,\cdots,I;\mu_{rk}\geqslant 0,r=1,2,\cdots,R;\upsilon_{sk}\geqslant 0,s=1,2,\cdots,S\end{cases}
\tag{4-21}
$$

将式(4-21)予以线性化改写如下：

$$
E_{kk}=\sum_{p=1}^{P}\hat{\bar{\omega}}_{pk}\hat{z}_{pk}+\sum_{q=1}^{Q}\tau_{qk}y_{qk}+\sum_{r=1}^{R}\mu_{rk}y_{rk}
$$

$$
s.t.\begin{cases}\sum_{i=1}^{I}\nu_{ik}x_{ik}+\sum_{p=1}^{P}\hat{\bar{\omega}}_{pk}\hat{z}_{pk}+\sum_{s=1}^{S}\upsilon_{sk}g_{sk}=1\\ \sum_{p=1}^{P}\hat{\bar{\omega}}_{pk}\hat{z}_{pj}+\sum_{q=1}^{Q}\tau_{qk}y_{qj}-\sum_{i=1}^{I}\nu_{ik}x_{ij}\leqslant 0,j=1,2,\cdots,n\\ \sum_{r=1}^{R}\mu_{rk}y_{rj}-\sum_{p=1}^{P}\hat{\bar{\omega}}_{pk}\hat{z}_{pj}-\sum_{s=1}^{S}\upsilon_{sk}g_{sj}\leqslant 0,j=1,2,\cdots,n\\ \hat{\bar{\omega}}_{pk}\geqslant 0,p=1,2,\cdots,P;\tau_{qk}\geqslant 0,q=1,2,\cdots,Q\\ \nu_{ik}\geqslant 0,i=1,2,\cdots,I;\mu_{rk}\geqslant 0,r=1,2,\cdots,R\\ \upsilon_{sk}\geqslant 0,s=1,2,\cdots,S\end{cases}
\tag{4-22}
$$

模型(4-22)保证了生产—治理两阶段网络模型在自评体系下任一被评价决策单元 DMU_k 的综合自评效率最优。

4.2.3 网络交叉效率二次目标的设置：引入中立策略

模型(4-22)并不能保证模型求解结果的唯一性，因此需要进行引入二次目标。本书创新性引入中立策略，不以某一特定阶段为主导，从全局思想出发，为实现各子阶段即经济生产阶段以及环境治理阶段的效率协调与最大化为目标，进行网络交叉效率二次目标函数设计。不同于现有网络 DEA 模型以第一或第二阶段为主导的思想，本书引入中立策略，能较好地解释我国区域海洋经济增长与海洋环境协调发展的目标。

因此，本书基于中立策略，构建如下网络交叉效率二次目标模型：

$$
\max\left\{\frac{\sum_{p=1}^{P}\hat{\bar{\omega}}_{pk}\hat{z}_{pk}+\sum_{q=1}^{Q}\tau_{qk}y_{qk}}{\sum_{i=1}^{I}\nu_{ik}x_{ik}},\frac{\sum_{r=1}^{R}\mu_{rk}y_{rk}}{\sum_{p=1}^{P}\hat{\bar{\omega}}_{pk}\hat{z}_{pk}+\sum_{s=1}^{S}\upsilon_{sk}g_{sk}}\right\}
$$

$$s.t.\begin{cases}\sum_{i=1}^{I}\nu_{ik}x_{ik}+\sum_{p=1}^{P}\hat{\bar{\omega}}_{pk}\hat{z}_{pk}+\sum_{s=1}^{S}\upsilon_{sk}g_{sk}=1\\ \sum_{p=1}^{P}\hat{\bar{\omega}}_{pk}\hat{z}_{pk}+\sum_{q=1}^{Q}\tau_{qk}y_{qk}+\sum_{r=1}^{R}\mu_{rk}y_{rk}=E_{kk}^{*}\\ \sum_{p=1}^{P}\hat{\bar{\omega}}_{pk}\hat{z}_{pj}+\sum_{q=1}^{Q}\tau_{qk}y_{qj}-\sum_{i=1}^{I}\nu_{ik}x_{ij}\leqslant 0,j=1,2,\cdots,n\\ \sum_{r=1}^{R}\mu_{rk}y_{rj}-\sum_{p=1}^{P}\hat{\bar{\omega}}_{pk}\hat{z}_{pj}-\sum_{s=1}^{S}\upsilon_{sk}g_{sj}\leqslant 0,j=1,2,\cdots,n\\ \hat{\bar{\omega}}_{pk}\geqslant 0,p=1,2,\cdots,P;\tau_{qk}\geqslant 0,q=1,2,\cdots,Q\\ \nu_{ik}\geqslant 0,i=1,2,\cdots,I;\mu_{rk}\geqslant 0,r=1,2,\cdots,R\\ \upsilon_{sk}\geqslant 0,s=1,2,\cdots,S\end{cases}\tag{4-23}$$

式(4-23)实质为多目标分层回归，因此，需将模型进行线性转化。该目标函数的实质在于致力于实现各子阶段效率最大化，即各阶段效率结果最大可能地接近1(王美强和黄阳，2020)。而对于每一阶段而言，只有通过增加产出、减少投入的方式才能使其阶段效率不断趋于有效，故各个阶段需要调整的总量越小越好。以ϕ_1、ϕ_2表征在生产阶段达到有效决策单元需要调整的投入及产出调整量的加权和；φ_1、φ_2量化在环境治理阶段达到有效决策单元需要调整的投入及产出的加权和。则“各个阶段需要调整的总量越小越好”等价于ϕ_1、ϕ_2、φ_1、φ_2总和最小化，则模型可以转化为如下形式：

$$\min(\phi_1+\phi_2+\varphi_1+\varphi_2)$$

$$s.t.\begin{cases}\sum_{i=1}^{I}\nu_{ik}x_{ik}+\sum_{p=1}^{P}\hat{\bar{\omega}}_{pk}\hat{z}_{pk}+\sum_{s=1}^{S}\upsilon_{sk}g_{sk}=1\\ \sum_{p=1}^{P}\hat{\bar{\omega}}_{pk}\hat{z}_{pk}+\sum_{q=1}^{Q}\tau_{qk}y_{qk}+\sum_{r=1}^{R}\mu_{rk}y_{rk}=E_{kk}^{*}\\ \sum_{p=1}^{P}\hat{\bar{\omega}}_{pk}\hat{z}_{pj}+\sum_{q=1}^{Q}\tau_{qk}y_{qj}-\sum_{i=1}^{I}\nu_{ik}x_{ij}\leqslant 0,j=1,2,\cdots,n\\ \sum_{r=1}^{R}\mu_{rk}y_{rj}-\sum_{p=1}^{P}\hat{\bar{\omega}}_{pk}\hat{z}_{pj}-\sum_{s=1}^{S}\upsilon_{sk}g_{sj}\leqslant 0,j=1,2,\cdots,n\\ \dfrac{\sum_{p=1}^{P}\hat{\bar{\omega}}_{pk}\hat{z}_{pk}+\sum_{q=1}^{Q}\tau_{qk}y_{qk}+\phi_1}{\sum_{i=1}^{I}\nu_{ik}x_{ik}-\phi_2}=1\\ \dfrac{\sum_{r=1}^{R}\mu_{rk}y_{rk}+\varphi_1}{\sum_{p=1}^{P}\hat{\bar{\omega}}_{pk}\hat{z}_{pk}+\sum_{s=1}^{S}\upsilon_{sk}g_{sk}-\varphi_2}=1\\ \hat{\bar{\omega}}_{pk}\geqslant 0,p=1,2,\cdots,P;\tau_{qk}\geqslant 0,q=1,2,\cdots,Q\\ \nu_{ik}\geqslant 0,i=1,2,\cdots,I;\mu_{rk}\geqslant 0,r=1,2,\cdots,R;\\ \upsilon_{sk}\geqslant 0,s=1,2,\cdots,S\end{cases}\tag{4-24}$$

式(4-24)中，生产阶段与环境治理阶段的约束条件是非线性的，故对其进行线性化处理。

针对生产阶段的约束条件 $\dfrac{\sum_{p=1}^{P}\hat{\bar{\omega}}_{pk}\hat{z}_{pk}+\sum_{q=1}^{Q}\tau_{qk}y_{qk}+\phi_1}{\sum_{i=1}^{I}\nu_{ik}x_{ik}-\phi_2}=1$，等价于 $\sum_{p=1}^{P}\hat{\bar{\omega}}_{pk}\hat{z}_{pk}+\sum_{q=1}^{Q}\tau_{qk}y_{qk}-\sum_{i=1}^{I}\nu_{ik}x_{ik}+\phi_1+\phi_2=0$。进一步简化，记 $\phi_1+\phi_2=\phi$，则这一约束条件可以表示为 $\sum_{p=1}^{P}\hat{\bar{\omega}}_{pk}\hat{z}_{pk}+\sum_{q=1}^{Q}\tau_{qk}y_{qk}-\sum_{i=1}^{I}\nu_{ik}x_{ik}+\phi=0$。

对环境治理阶段的约束条件 $\dfrac{\sum_{r=1}^{R}\mu_{rk}y_{rk}+\varphi_1}{\sum_{p=1}^{P}\hat{\bar{\omega}}_{pk}\hat{z}_{pk}+\sum_{s=1}^{S}\upsilon_{sk}g_{sk}-\varphi_2}=1$ 进行同等化处理，并记 $\varphi_1+\varphi_2=\varphi$。则该约束等价于 $\sum_{r=1}^{R}\mu_{rk}y_{rk}-\sum_{p=1}^{P}\hat{\bar{\omega}}_{pk}\hat{z}_{pk}-\sum_{s=1}^{S}\upsilon_{sk}g_{sk}+\varphi=0$。因此，模型可简化如下：

$$
\min\phi+\varphi
$$

$$
s.t.\begin{cases}
\sum_{i=1}^{I}\nu_{ik}x_{ik}+\sum_{p=1}^{P}\hat{\bar{\omega}}_{pk}\hat{z}_{pk}+\sum_{s=1}^{S}\upsilon_{sk}g_{sk}=1\\
\sum_{p=1}^{P}\hat{\bar{\omega}}_{pk}\hat{z}_{pk}+\sum_{q=1}^{Q}\tau_{qk}y_{qk}+\sum_{r=1}^{R}\mu_{rk}y_{rk}=E_{kk}^{*}\\
\sum_{p=1}^{P}\hat{\bar{\omega}}_{pk}\hat{z}_{pj}+\sum_{q=1}^{Q}\tau_{qk}y_{qj}-\sum_{i=1}^{I}\nu_{ik}x_{ij}\leqslant 0,j=1,2,\cdots,n\\
\sum_{r=1}^{R}\mu_{rk}y_{rj}-\sum_{p=1}^{P}\hat{\bar{\omega}}_{pk}\hat{z}_{pj}-\sum_{s=1}^{S}\upsilon_{sk}g_{sj}\leqslant 0,j=1,2,\cdots,n\\
\sum_{p=1}^{P}\hat{\bar{\omega}}_{pk}\hat{z}_{pk}+\sum_{q=1}^{Q}\tau_{qk}y_{qk}-\sum_{i=1}^{I}\nu_{ik}x_{ik}+\phi=0\\
\sum_{r=1}^{R}\mu_{rk}y_{rk}-\sum_{p=1}^{P}\hat{\bar{\omega}}_{pk}\hat{z}_{pk}-\sum_{s=1}^{S}\upsilon_{sk}g_{sk}+\varphi=0\\
\hat{\bar{\omega}}_{pk}\geqslant 0,p=1,2,\cdots,P;\tau_{qk}\geqslant 0,q=1,2,\cdots,Q\\
\nu_{ik}\geqslant 0,i=1,2,\cdots,I;\mu_{rk}\geqslant 0,r=1,2,\cdots,R\\
\upsilon_{sk}\geqslant 0,s=1,2,\cdots,S
\end{cases}
\tag{4-25}
$$

通过模型可以获得最优权重，在该权重下，DMU_k 可在自评系统下获得最大效率结果，且在这一二次目标策略下以协调化实现生产效率与环境治理效率最大化为目标，体现了经济发展与环境保护并重的思想。可获取的自评最优权重(ν_{ik}^{*}，$\hat{\bar{\omega}}_{pk}^{*}$，$\upsilon_{sk}^{*}$，$\tau_{qk}^{*}$，$\mu_{rk}^{*}$)，可使 DMU_k 在自评过程中综合效率最大化的同时，尽可能实现生产阶段以及环境治理阶段效率的最大化。但这一效率结果仍是基于自评框架，可能存在效率结果的高估，因此，需要进一步引入交叉效率思想，从而保证效率评价结果的准确性。

4.2.4 考虑网络特征的综合效率及其分解

为规避自评引起的评价结果偏差，同时有效利用各个决策单元的权重信息，本书在生产一治理两阶段效率评价模型中融入交叉效率思想。本书通过自评与他评结果相结合，获取最终的综合效率 E_j，以此测度海洋经济绿色增长效率，并通过对综合效率的分解，获取最终的生产效率 E_j^1 以及环境治理效率 E_j^2。具体计算过程包括以下三个部分。

(1) 交叉互评思想下的生产效率

生产效率即模型第一阶段的效率变化结果，DMU_j 最终的生产效率 E_j^1 可由 $n-1$ 个生产阶段他评效率 $E_{kj}^1(k=1,2,\cdots,n;k\neq j)$ 以及一个自评效率（即 E_{jj}^1）的算术平均数获得。DMU_j 相较于 DMU_k 的生产阶段他评交叉效率 E_{kj}^1 计算如下：

$$E_{kj}^1=\frac{\sum_{p=1}^{P}\hat{\omega}_{pk}^*\hat{z}_{pj}+\sum_{q=1}^{Q}\tau_{qk}^*y_{qj}}{\sum_{i=1}^{I}\nu_{ik}^*x_{ij}} \tag{4-26}$$

DMU_j 最终的生产效率 E_j^1 计算为：

$$E_j^1=\frac{1}{n}\sum_{k=1}^{n}E_{kj}^1=\frac{1}{n}\sum_{k=1}^{n}\frac{\sum_{p=1}^{P}\hat{\omega}_{pk}^*\hat{z}_{pj}+\sum_{q=1}^{Q}\tau_{qk}^*y_{qj}}{\sum_{i=1}^{I}\nu_{ik}^*x_{ij}} \tag{4-27}$$

(2) 交叉互评思想下的环境治理效率

环境治理效率即为模型第二阶段的效率表现。DMU_j 最终的环境治理效率 E_j^2 也由 $n-1$ 个环境治理阶段他评效率 $E_{kj}^2(k=1,2,\cdots,n;k\neq j)$ 以及一个自评效率（即 E_{jj}^2）的算术平均数获得。DMU_j 相较于 DMU_k 的环境治理阶段他评交叉效率 E_{kj}^2 可以表示为：

$$E_{kj}^2=\frac{\sum_{r=1}^{R}\mu_{rk}^*y_{rj}}{\sum_{p=1}^{P}\hat{\omega}_{pk}^*\hat{z}_{pj}+\sum_{s=1}^{S}\upsilon_{sk}^*g_{sj}} \tag{4-28}$$

环境治理效率 E_j^2 可以表示为：

$$E_j^2=\frac{1}{n}\sum_{k=1}^{n}E_{kj}^2=\frac{1}{n}\sum_{k=1}^{n}\frac{\sum_{r=1}^{R}\mu_{rk}^*y_{rj}}{\sum_{p=1}^{P}\hat{\omega}_{pk}^*\hat{z}_{pj}+\sum_{s=1}^{S}\upsilon_{sk}^*g_{sj}} \tag{4-29}$$

(3) 交叉互评思想下的海洋经济绿色增长效率

DMU_j 的综合效率 E_j 是生产效率以及环境治理效率的综合体现。综合效率结果由 $n-1$ 个综合他评效率 $E_{kj}(k=1,2,\cdots,n;k\neq j)$ 以及一个自评效率

(即 E_{jj})的算术平均数。DMU_j 相较于 DMU_k 的综合他评交叉效率 E_{kj} 计算方式如下:

$$E_{kj}=\frac{\sum_{p=1}^{P}\hat{\bar{\omega}}_{pk}^{*}\hat{z}_{pj}+\sum_{q=1}^{Q}\tau_{qk}^{*}y_{qj}+\sum_{r=1}^{R}\mu_{rk}^{*}y_{rj}}{\sum_{i=1}^{I}\nu_{ik}^{*}x_{ij}+\sum_{p=1}^{P}\hat{\bar{\omega}}_{pk}^{*}\hat{z}_{pj}+\sum_{s=1}^{S}\upsilon_{sk}^{*}g_{sj}} \tag{4-30}$$

在交叉效率评价体系下,DMU_j 相较于 DMU_k 的综合他评效率 E_{kj}、生产阶段他评效率 E_{kj}^1 以及环境治理阶段他评效率 E_{kj}^2 仍满足加法分解要求,即

$$E_{kj}=w_{kj}^{1}E_{kj}^{1}+w_{kj}^{2}E_{kj}^{1} \tag{4-31}$$

其中,w_{kj}^1 和 w_{kj}^2 可分别表示为:

$$w_{kj}^{1}=\frac{\sum_{i=1}^{I}\nu_{ik}^{*}x_{ij}}{\sum_{i=1}^{I}\nu_{ik}^{*}x_{ij}+\sum_{p=1}^{P}\hat{\bar{\omega}}_{pk}^{*}\hat{z}_{pj}+\sum_{s=1}^{S}\upsilon_{sk}^{*}g_{sj}} \tag{4-32}$$

$$w_{kj}^{2}=\frac{\sum_{p=1}^{P}\hat{\bar{\omega}}_{pk}^{*}\hat{z}_{pj}+\sum_{s=1}^{S}\upsilon_{sk}^{*}g_{sj}}{\sum_{i=1}^{I}\nu_{ik}^{*}x_{ij}+\sum_{p=1}^{P}\hat{\bar{\omega}}_{pk}^{*}\hat{z}_{pj}+\sum_{s=1}^{S}\upsilon_{sk}^{*}g_{sj}} \tag{4-33}$$

相应地,DMU_j 最终综合效率评价结果 E_j 为:

$$E_{j}=\frac{1}{n}\sum_{k=1}^{n}E_{kj}=\frac{1}{n}\sum_{k=1}^{n}\frac{\sum_{p=1}^{P}\hat{\bar{\omega}}_{pk}^{*}\hat{z}_{pj}+\sum_{q=1}^{Q}\tau_{qk}^{*}y_{qj}+\sum_{r=1}^{R}\mu_{rk}^{*}y_{rj}}{\sum_{i=1}^{I}\nu_{ik}^{*}x_{ij}+\sum_{p=1}^{P}\hat{\bar{\omega}}_{pk}^{*}\hat{z}_{pj}+\sum_{s=1}^{S}\upsilon_{sk}^{*}g_{sj}} \tag{4-34}$$

4.3 海洋经济绿色增长效率的指标选择

4.3.1 环境治理阶段指标选取

海洋经济的环境治理阶段,主要是对生产阶段产生的污染进行处理,对污染物进行转化与应用,减轻其对环境的影响。本阶段投入产出具体如以下三方面。

(1) 中间产出

海洋经济的环境治理阶段承接生产阶段的非期望产出即海洋经济生产阶段的“三废”,并作为治理阶段的投入之一,沿用生产阶段的海洋环境污染综合指数。

(2) 环境治理投入

海洋环境治理投入是环境治理阶段的核心投入,参考 Ding 等(2020),以海洋经济污染治理投资衡量。即以海洋经济占比折算沿海地区工业污染治理投资,并以 2006 年为基期,进行价格可比化处理,数据来源于 2007—2019 年的《中国环境统计年鉴》。

(3) 期望产出

环境治理阶段的产出，主要通过环境治理的经济效益与环境效益来体现。

经济效益产出指标，主要以对固体废弃物的利用为主。以往研究有以“三废”综合利用产品产值（张雪梅等，2018）量化环境治理治理的经济效益，但自2010年以来，相关年鉴并不对该指标予以统计。后续研究则以工业固体废物综合利用率（丁黎黎等，2018）体现环境治理阶段对污染物的回收再利用。本书考虑海洋经济与其所在地区污染物回收利用的并行趋势，选取沿海地区固体废弃物综合利用率衡量环境污染治理的经济效益，以工业固体废弃物综合利用量与工业固体废弃物产生量之比计算而得。数据源于2007—2019年的《中国海洋统计年鉴》。

环境效益产出指标，在国民经济的研究领域，常以森林覆盖率（杨佳伟和王美强，2017）、城市绿地面积（任桂芳和史彦虎，2010）等表征陆域经济的环境质量。从人类海洋经济的主要活动空间来看，多数海洋经济活动发生于海岸带与近海，故本书以近岸及海岸湿地面积和以近岸海域一、二类水质面积量化近海的海洋环境治理的环境效益。相关指标源于2007—2019年的《中国海洋统计年鉴》[①]、各省（区、市）《海洋环境统计公报》以及《环境统计公报》。受限于DEA方法对指标个数的要求，本书利用熵值法合成海洋环境质量综合指数。

4.3.2 生产－治理两阶段的投入产出指标体系

根据前文对各投入产出指标的处理，构建我国海洋经济绿色增长效率的指标体系，如表4-1所示。

表4-1 海洋经济绿色增长的两阶段网络结构指标体系

阶段投入、产出			指标选取（符号）		单位
生产阶段	投入	资本投入	海洋经济资本存量（K）		亿元
		劳动投入	涉海就业人数（L）		万人
		资源投入	海洋资源利用综合指数（R）	沿海地区星级饭店数（R_1）	家
				码头长度（R_2）	米
				沿海地区海水养殖面积（R_3）	公顷
	产出	期望产出	海洋生产总值（Y_1）		亿元

①《中国海洋统计年鉴》自2017年起更名为《中国海洋经济统计年鉴》。

续表

<table>
<tr><th colspan="3">阶段投入、产出</th><th colspan="2">指标选取(符号)</th><th>单位</th></tr>
<tr><td rowspan="3">生产阶段/治理阶段</td><td rowspan="3">中间产出</td><td rowspan="3">非期望产出(生产)/投入(治理)</td><td rowspan="3">海洋环境污染综合指数(Z)</td><td>海洋经济 SO_2 排放(Z_1)</td><td>万吨</td></tr>
<tr><td>海洋经济固体废弃物产生量(Z_2)</td><td>万吨</td></tr>
<tr><td>废水中污染物排放化学需氧量(Z_3)</td><td>万吨</td></tr>
<tr><td rowspan="4">治理阶段</td><td>投入</td><td>环境治理投入</td><td colspan="2">海洋经济污染治理投资额(G)</td><td>亿元</td></tr>
<tr><td rowspan="3">产出</td><td>废物回收利用</td><td colspan="2">海洋经济固体废弃物综合利用率(Y_2)</td><td>%</td></tr>
<tr><td rowspan="2">环境质量</td><td rowspan="2">海洋环境质量综合指数(Y_3)</td><td>近岸及海岸湿地面积(Y_{31})</td><td>千公顷</td></tr>
<tr><td>近岸海域一二类水质面积(Y_{32})</td><td>万平方千米</td></tr>
</table>

海洋经济绿色增长效率，从资本、劳动、资源等要素初始使用开始，既追踪了海洋经济最终产品与服务的产生过程，又关注了在环境治理情形下对海洋资源环境系统的最终影响。以4.2节构建的基于中立策略的生产－治理两阶段交叉效率模型中的综合效率予以量化，即式(4-34)的输出结果，简称海洋经济绿色增长效率，并用 E 表示。

在海洋经济绿色增长效率的基础上，本书所构建的基于中立策略的生产－治理两阶段交叉效率模型能够从海洋经济内部运行结构出发，对各个环节的效率予以测度。其中，将海洋经济生产阶段效率称为海洋经济绿色增长的生产效率，简称生产效率，用 E_1 表示，可由式(4-27)获得。同时将海洋经济的环境治理阶段效率称为海洋经济绿色增长的环境治理效率，由式(4-29)获得，简称环境治理效率，并用 E_2 表示。

4.4 海洋经济绿色增长效率评价结果分析

利用 Matlab 2012b 软件对上述模型进行程序处理，对2006—2018年我国11个沿海省(区、市)的海洋经济绿色增长效率和其分解的生产效率以及环境治理效率进行评价分析，为保证不同期间效率的可比性，引入全局参比思想构建生产前沿，具体结果详见附录。

4.4.1 海洋经济生产效率分析

(1) 全国层面

从全国总体趋势来看，我国海洋经济生产效率呈现平稳提升态势，但变化较为缓慢。研究期内我国生产效率平均水平为 0.5138，较有效决策单元仍具有较大的效率提升空间。如图 4-3 所示，从时间趋势来看，生产效率呈现平稳增长态势，但变化较为平缓，由 2006 年的 0.4769 增长至 2018 年的 0.5274，整体提升了 10.6%。在三个五年规划当中，增长速度略有差别：其中，“十一五”阶段增长最为迅速，从 0.4769 增长至 0.5113，效率水平按照每年增加 0.09 的速度增长；自进入“十二五”阶段后，生产效率增长速度略有减缓。“十一五”以来，国家对海洋产业开发程度不断推进，海洋经济进入快速发展时期，海洋资源驱动型的海洋经济增长模式带来了海洋生产总值的提升，生产效率则同时呈现缓慢提升态势。但是，“十一五”阶段海洋经济发展模式较为粗放。2012 年，党的十八大将生态文明建设写入我国经济社会发展的整体布局，以将绿色发展融入海洋资源开发利用活动的发展理念，对海洋经济生产活动提出了更大挑战，使得海洋经济生产效率压力骤增。尽管在“十二五”阶段海洋经济生产总量仍呈现快速发展态势，但生产效率并未呈现同步化提升，生产效率增长速度明显放缓。

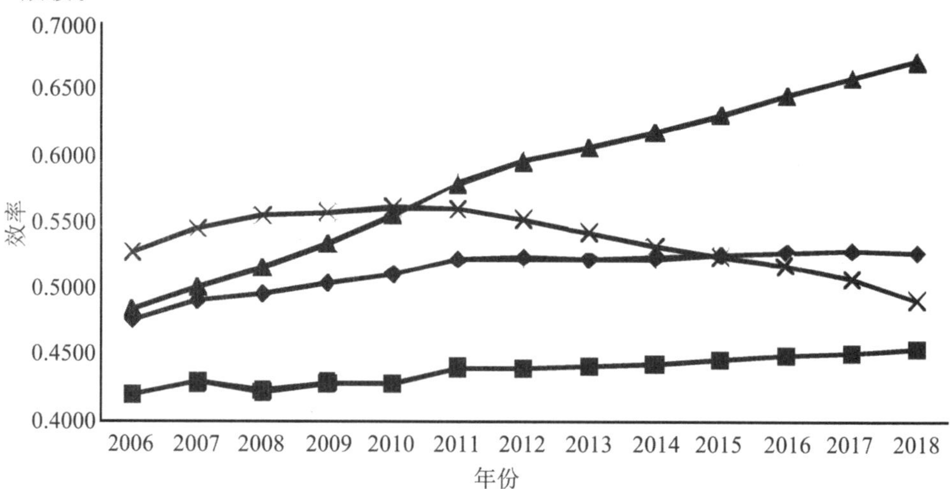

图 4-3　2006—2018 我国海洋经济生产效率的演变趋势

(2) 北部海洋经济圈

北部海洋经济圈的生产效率水平偏低，但呈现稳步提升态势。研究期内北部海洋经济圈的海洋经济生产效率平均值为 0.4380，明显低于其他区域。从变化趋势来看，“十一五”阶段，北部海洋经济圈生产效率围绕 0.4250 上下波动，且无明显增长态势；2011 年以后，生产效率波动减弱，开始出现轻微增长，效率走向与全国平均水平基本平行。

从具体省(市)来看,天津在北部海洋经济圈四个省(市)中的生产效率水平最高,直至"十二五"阶段均保持效率平稳增长态势,但这一增长态势在"十三五"阶段并没有得以维持,资源环境约束问题在这一阶段逐渐凸显。在高质量发展背景下,如何实现海洋经济绿色增长效率提升是天津当前面临的一大问题。河北的海洋经济生产效率在北部海洋经济圈中也属于上游水平,特别是在"十一五"阶段,发展态势与天津基本一致,但资源环境约束在2010年就成为制约河北海洋经济发展的一大问题,海洋经济生产效率呈现下降态势,并一直延续到"十二五"末期。在国家和地区海洋经济发展及环境治理政策下,自2015年开始,河北的海洋经济生产效率出现回转,并呈现平稳的上升态势。与此相比,山东海洋经济总体生产效率水平偏低,但增长趋势明显,从研究初期的0.2369增长至2018年的0.3448,增长幅度高达45.55%,这表明该地区海洋经济的发展环境处于不断优化态势,海洋经济形势向好,但仍存在较大的提升空间。辽宁在四个省(市)中波动性最强,且在多数年份内海洋经济生产效率也是最低的。其中,从2008年开始,随着地区海洋事业的开发程度不断加大,海洋资源的消耗量出现了明显增加,进而导致海洋环境污染的增加,导致了海洋经济生产效率的明显下降。这一现象一直延续到了"十一五"末期。在"十二五"阶段,辽宁海洋经济生产效率处于平稳状态,随着海洋经济体量的增加,海洋经济生产效率并未出现明显变化,资源环境约束问题依旧存在并于"十三五"阶段得以好转,生产效率出现了较为明显的上升,但与其他省(市)相比还有较大的提升空间。

(3) 东部海洋经济圈

东部海洋经济圈的海洋经济生产效率平均值为0.5846,在三大海洋经济圈中处于领先水平,且各年份均显著高于全国平均水平。从变化趋势来看,其趋势与全国水平基本一致,但在各时期的增长幅度更大,这表明东部海洋经济圈在海洋经济发展中具有带动作用,协同海洋经济总量增长与质量提高。

从具体省(市)来看,研究初期上海海洋经济生产效率保持着较高水平,特别是在"十二五""十三五"时期,各地区海洋经济进入调整期,生产效率增长速度放缓,部分地区生产效率一度出现下滑,但上海生产效率增长则呈现加速状态,在效率水平以及效率增长速度方面均优于其他省(市)。上海属于海洋经济先发区域,较早进行了海洋经济的产业结构调整,通过发展现代海洋产业等方式在较大程度上缓解了海洋经济的资源环境约束问题,从而保证了海洋经济绿色生产的高效。浙江和江苏的海洋经济生产效率在研究期内也呈现增长态势,但与上海相比,增长幅度较为平缓,特别是进入"十二五"以来,资源环境约束问题逐渐明显，海洋经济的生产效率增长速度逐渐放缓，生产效率仍呈现提升态势。这一结果的出现说明东部海洋经济圈各省（市）的海洋经济政策得到了很好的实施，海洋经济呈现良性增长态势。

（4）南部海洋经济圈

南部海洋经济圈的海洋经济生产效率平均值为0.5365，高于全国平均水平。其变化趋势总体呈现先升后降的走势，在“十一五”阶段优势显著，生产效率不断提升，但随后则出现了下降，并未能实现海洋经济数量与质量的同步提升。

从具体省（区）来看，海南与广西的海洋经济生产效率走势基本一致，研究期内均呈现下降趋势，分别下降了25.68%和22.86%，表明资源环境约束在这两个省（区）逐渐收紧，如何突破现阶段发展瓶颈实现海洋经济高质量发展是这两个省（区）面临的重大挑战。与之相反，尽管广东研究初期的海洋经济生产效率仅为0.3408，但近年来，广东海洋经济发展势头强劲，不仅实现了海洋经济生产总值的巨大突破，海洋经济生产效率也呈现明显的增加态势，到2018年已达到了0.5032，增长幅度达47.65%。福建海洋经济生产效率走势与南部海洋经济圈走势基本一致，在“十一五”阶段海洋经济生产效率呈现提升态势，但自2011年以后，资源环境约束不断收紧，生产效率出现下降。需要指出的是，南部海洋经济圈的一大典型特点表现为四个省（区）的海洋经济绿色增长效率趋同性显著，区域间的效率差异不断缩小，这一现象的产生可能与区域间的要素流动有关。

4.4.2 海洋经济环境治理效率分析

（1）全国层面

整体来看，我国海洋经济环境治理效率平均水平为0.5378，略高于生产效率平均水平。从整体变化趋势来看（图4-4），环境治理效率呈现出“增－减－增”的正N形走势。其中，“十一五”阶段海洋环境治理效率呈现明显增长态势，从2006年的0.5612增长至2010年的0.6665。“十一五”阶段海洋资源开发程度相对有限，尽管在该时期海洋经济的开发模式相对粗放，但海洋经济规模有限，使其对所处的资源环境系统的影响程度相对较低。同时，在“十一五”规划中国家做出对渤海、长江口等重点海域环境开展综合治理工作的布署，这对于缓解我国近海环境污染、提升海洋环境治理效率起到了关键性作用。

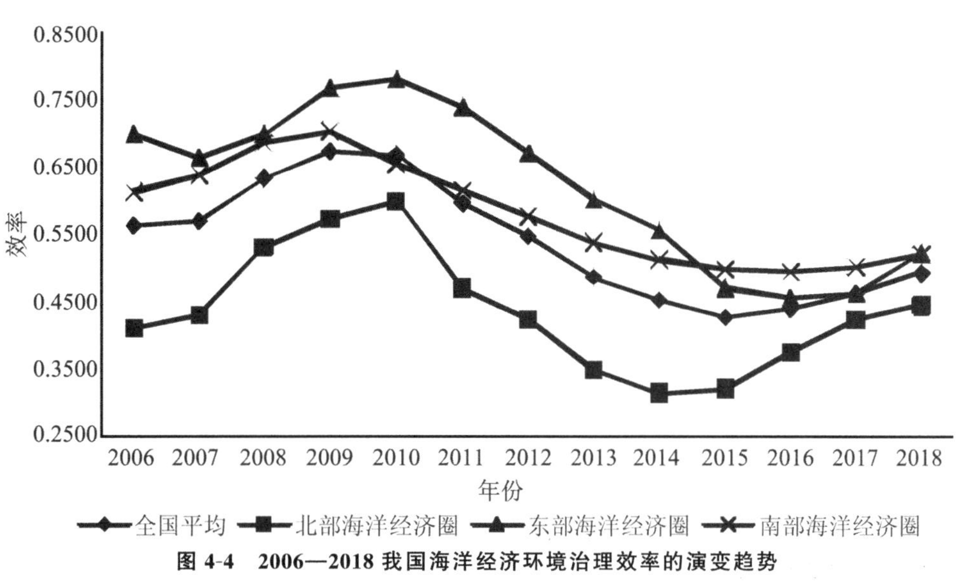

图 4-4　2006—2018 我国海洋经济环境治理效率的演变趋势

然而，自 2011 年开始，我国海洋经济环境治理效率普遍呈现下滑态势。尽管党的十八大提出了生态文明建设，各沿海省（区、市）先后颁布了近岸海域污染防治规划，但在海洋经济规模不断扩展的背景下，沿海地区污染物不断累积，导致沿岸与近海生态环境压力巨大，不断逼近环境承载阈值，尽管投入了大量的环境治理投资，但环境治理效果并不显著，海洋环境治理效率呈现下滑态势。2015 年《环境保护法（修订）》《国家海洋局海洋生态文明建设实施方案》先后颁布实施，海洋生态文明建设进入新阶段，海洋生态环境压力逐渐减小，海洋生态环境呈现改善态势。因此，2016 年开始，各地区海洋经济的环境治理效率开始呈现增长态势。

（2）北部海洋经济圈

北部海洋经济圈的环境治理效率在三大海洋经济圈中处于较低水平。研究期内北部海洋经济圈的环境治理效率均值仅为 0.4345，远低于全国平均水平 0.5378。根据图 4-4，北部海洋经济圈在海洋环境治理阶段的效率值在 2011 年出现了剧烈的下降。一方面，这与海洋经济生产活动中产生的污染排放的累积有关；另一方面，2011 年 6 月渤海发生了严重的油田泄露事件（蓬莱 19-3 油田溢油事故），造成了 6200 平方千米的海域污染，导致了严重的海洋环境容量损伤与生态服务功能破坏，海洋生态环境损失价值累计超过 16 亿元①，这一事故给沿岸区域海洋生态环境治理带来了巨大挑战，导致该区域海洋环境质量在很长一段时间内遭受损害，"十二五"末期这一污染的后续影响才逐渐减弱，直至 2015 年开始北部海洋经济圈的环境治理效率逐渐提升。

从具体省（市）来看，天津海洋环境治理效率在北部海洋经济圈四个省（市）中表现最好，整体呈现波动式上升态势，在"河海联治、陆海统筹"的环境治理理念之下，天津的海洋环境治理效率由研究初期的全国第八位逐步提升，2018 年已跃居全国首位。辽宁、山东和河北三个省的海洋环境治理效率则远低于全国平均水平，环境治理效率的平均水平在 11 个沿海省（区、市）位居后三位。北部海洋经济圈覆盖辽宁、天津、河北以及山东四个省（市），以渤海及其沿岸为重要发展空间。一方面，沿岸海陆经济的重工业占比较高，以 2020 年为例，北部海洋经济圈海洋油气产量占全国海洋油气产量的 68%以上，74%的海洋矿业产值也产自北部海洋经济圈，海洋盐业中超 90%源自北部海洋经济圈②，这些产业的发展常伴随大量的污染排放，加之沿海部分企业偷排、超排现象普遍存在，给周边海洋生态系统带来巨大压力。另一方面由于渤海出海口较小，海水与大洋洋流交换缓慢，海域水动力条件不足，海洋资源环境系统的自洁能力相对于其他海域偏弱（李天生和陈琳琳，2019），导致了北部海洋经济圈海洋环境治理任务繁重，海洋环境治理效率较低。

(3) 东部海洋经济圈

东部海洋经济圈的海洋环境治理效率平均水平为 0.6201，显著高于全国平均水平 0.5378。东部海洋经济圈覆盖长江三角洲沿岸地区，是我国增速最快、规模最大且极具潜力的海洋经济发展区域，凭借上海在金融贸易、工业以及港口方面的优势条件，浙江在海洋生物医药领域优势以及江苏的船舶工业基础，两省一市海洋经济发展互为补充，为该区域海洋经济发展奠定了良好基础，在"十一五"阶段这一优势较为明显，不仅保持了高于其他区域的生产效率水平，其环境治理效率也表现出了明显优势。"十二五"以来，伴随海洋资源开发程度不断加深，东部海洋经济圈海洋经济开发中存在的问题不断凸显，粗放式开发致使资源综合利用不足，部分海洋产业低水平重复建设与盲目扩张导致产能过剩，在侵占岸线资源的同时也导致了环境污染。此外，东部海洋经济圈位

---

①国家海洋局.蓬莱 19-3 油田溢油事故联合调查组关于事故调查处理报告[R]. 2012-06-21.

②数据源于《海洋经济蓝皮书：中国海洋经济分析报告(2021)》。

于长江经济带下游，由于水域连通性特征，长江水系的污染也会在一定程度上转移至此，导致了海洋污染跨域扩散，增加了东部海洋经济圈的环境治理负担。尽管国家发改委于2010年在《长江三角洲地区区域规划》中对长三角污染问题提出了水环境与大气环境的跨区域联防联控等举措，并进一步提出了一系列合作治海行动，包括《长江口及毗邻海域碧海行动计划》《长三角近岸海域海洋生态环境保护与建设行动计划》等，在一定程度上起到了缓解作用，但东部海洋经济圈依然是我国环境污染最严重的区域，导致了"十二五"以来海洋经济环境治理效率的接连下降。[①] 直至2015年，东部海洋经济圈海洋经济环境治理效率的这一下降趋势才得以缓解，并逐渐提升。

从具体省(市)表现来看，江苏和浙江的变动趋势基本一致，与五年规划同步，呈现"增－减－增"的变化态势，但效率水平均高于全国平均水平，特别是江苏，环境治理效率平均水平达0.6753。上海的海洋环境治理效率变化趋势略有不同。自"十一五"以来，上海环境治理效率出现了明显的下降，由2006年的0.7514下降到2018年的0.3782。上海海洋环境治理效率的走低，很大程度上是由于其地理位置所致，长江由此入海，带来了沿岸大量的污染物，导致上海近岸海域海水水质的显著下降，给地区海洋环境治理带来了较大负担。

(4) 南部海洋经济圈

南部海洋经济圈海洋环境治理效率平均值为0.5793，除2010年外，其他年份均高于全国平均水平7.7%左右。从其变化趋势来看，整体呈"增－减－增"的变化趋势。其中，"十一五"阶段，南部海洋经济圈环境治理效率持续增强，但自2009年以来，海洋环境治理效率呈现减弱态势。南部海洋经济圈海洋资源较为丰富，"十一五"阶段海洋经济处于起步阶段，尽管在这一时期的海洋经济发展模式较为粗放，但由于海洋经济总量有限，由此产生的环境污染依然处于可控范围，未对海洋环境质量产生明显影响。但随着开发深度与力度不断加大，环境污染开始累积，海洋生态环境系统受到的影响逐渐明显。加之"十二五"初期，海洋经济规模的持续扩大使得生态环境系统的负荷不断加大，海洋环境治理效率开始走低，尽管实施了海洋生态红线制度，环境治理效率衰减的速度有所放缓，但依然走低。自2016年开始，实施的政策开始发挥作用，环境治理效率衰退态势开始扭转，南部海洋经济圈海洋环境治理效率不断回升。

从具体省(区)来看，海南的环境治理效率优势显著，研究期内环境治理效

---

①根据《中国海洋生态环境状况公报》显示，2011年东海劣四类海域面积占比达到40%，远高于同期其他海域水平，到2020年，东海劣四类水质面积仍高达21480平方千米。

率均高于同时期全国多数省(区、市),但近年来,伴随着环境治理压力的逐渐加大,环境治理效率呈现下降态势。广东与广西的走势与海南类似,自“十二五”以来,海洋环境污染治理压力逐渐累积,导致了环境治理效率的走低。福建海洋环境治理效率的变动趋势与“五年规划”同步,呈现“增一减一增”的变化态势。

海洋经济环境治理效率变动的一大特点在于,自“十三五”以来,区域间的海洋环境治理效率差距呈现缩小态势。由于海洋经济其所处海洋空间的地理区位关系以及海洋水体的流动性特征,海洋环境污染常常伴随较高的外部效应,海洋环境治理更需要区域间的联合治理(梁亮,2017),“十二五”阶段各地区海洋环境治理效率的走低在一定程度上也与区域之间的环境治理合作程度较低有关。2018 年,国务院组建自然资源部,对包括海洋空间在内的自然资源进行统筹管理,区域间的海洋环境治理合作呈现加强态势,区域之间海洋环境治理技术的交流与合作,保障了“十三五”阶段区域治理效果的稳步提升。

4.4.3 海洋经济绿色增长效率分析

(1) 全国层面

从全国层面来看,我国海洋经济绿色增长效率水平整体偏低,且受海洋经济的“五年规划”影响,呈现明显的波动性,如图 4-5 所示。研究期内我国海洋经济绿色增长效率平均值仅为 0.4981,距离生产有效还具有较大的进步空间。伴随国家海洋开发事业的不断推进,我国海洋经济规模不断扩大,但海洋经济的规模增长多是依赖于粗放式的要素驱动,海洋经济绿色增长效率有待进一步提高。

从海洋经济绿色增长效率的时序变化来看,“十一五”期间,我国海洋经济绿色增长效率增长较快。海洋经济绿色增长效率水平从 2006 年的 0.4732 到增长至 2010 年的 0.5128,较“十一五”初期,效率水平增长了 8.4%。这一阶段,环境治理效率明显高于生产效率,幅度超过了 20%,对海洋经济绿色增长效率的提升起到了极大的促进作用。“十一五”阶段生产效率虽然低于环境治理效率,但其整体趋势也是上涨的。国民经济“十一五”规划纲要特别强调“保护海洋生态”“促进海洋经济发展”等,并首次颁布了《国家海洋事业发展规划纲要》,海洋经济的发展规模与效率均在这一时期获得了较快的提升。

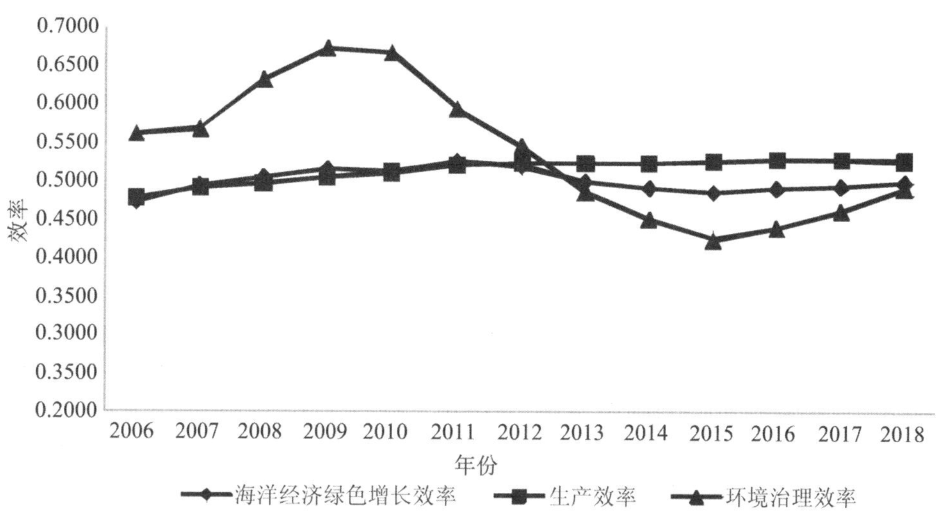

图 4-5　海洋经济绿色增长效率及其分解的生产效率与环境治理效率趋势对比

然而,"十二五"阶段,我国海洋经济绿色增长效率开始呈现下降趋势,从2011 年的 0.5152 下降至 2015 年的 0.4854,下降幅度达 6.0%。这一变化,主要是由于环境治理效率的下降所导致的。"十二五"以来,我国环境治理效率出现了明显下降,而生产效率尽管增速放缓但仍维持增长态势。2012 年,环境治理效率开始低于生产效率。自此,生产效率与环境治理效率对海洋经济绿色增长效率的作用方向开始发生逆转,生产效率开始成为促进海洋经济绿色增长效率提升的主要力量。"十二五"阶段的这一变化也与我国海洋经济的政策变动密切相关的。随着国家海洋资源开发利用的程度不断加深,海洋产业发展过程中导致的环境问题不断加重,要素依赖型的海洋经济发展模式给海洋环境带来的负担不断加重。同时,2012 年党的十八大正式将生态文明建设纳入国家经济社会发展的总体布局,对海洋经济发展提出了更高的资源环境约束要求,海洋经济绿色增长进入深度调整阶段,这导致了海洋经济绿色增长效率的下降。

"十三五"以来,我国海洋经济绿色增长效率再次步入稳步提升态势,从2015 年的 0.4854 增长至 2018 年的 0.4984。这一阶段仍以生产效率的推动作用为主,但环境治理效率在这一时期也开始不断提升。环境治理效率与生产效率的差距明显缩小,从 2016 年的 0.0890 缩小至 2018 年的 0.0356,环境治理效率与生产效率的协调性不断增强。这一变化,也印证了海洋强国建设以及海洋生态文明建设的重大成就,伴随海洋经济的不断发展,海洋经济的生产能力与环境治理水平整体上均不断增强,海洋经济绿色增长效率呈现稳定增长的态势。

(2) 北部海洋经济圈

整体来看,北部海洋经济圈的海洋经济绿色增长效率水平显著低于其他地区,研究期内平均效率水平仅为 0.4091,仅为全国平均水平的 82%。从变化趋势来看,如图 4-6 所示,北部海洋经济圈的走势与全国层面的走势基本一致,即在 2006 年至 2010 年效率平稳抬升,并随着“十二五”阶段资源环境约束收紧,其增长态势出现回落,随后从 2015 年开始,海洋经济形势回转,海洋经济绿色增长效率逐渐攀升。对比可见,北部海洋经济圈的生产效率与环境治理效率均低于其他区域,生产效率与环境治理效率的双低导致了海洋经济绿色增长效率整体低于其他地区。

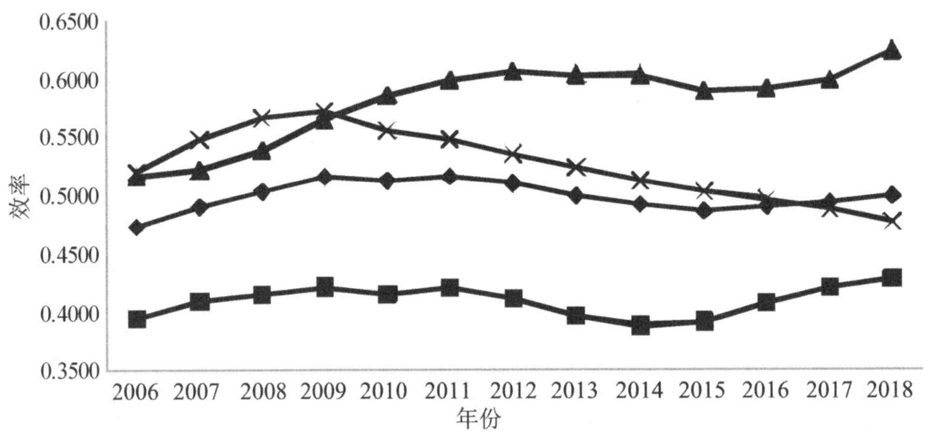

图 4-6 2006—2018 全国与三大海洋经济圈海洋经济绿色增长效率的演变趋势

从具体省(市)来看,辽宁、天津和山东三个省(市)的海洋经济绿色增长效率均呈现稳步提升态势,而河北尽管在“十二五”期间效率有所回落,但“十三五”期间呈现增长态势。其中,天津的海洋经济绿色增长效率水平最高,天津在环境治理效率与生产效率方面均具有较好的表现,故而作为全面衡量海洋经济绿色增长状态的海洋经济绿色增长效率水平也呈现出较好的表现。2018 年,天津的海洋经济绿色增长效率为 0.5867,仅次于上海和江苏,位居全国第三。辽宁与山东的海洋经济绿色增长效率均呈现稳步提升态势,但由于两地生产效率与环境治理效率普遍偏低,因此,海洋经济绿色增长效率也处于较低水平。河北的生产效率高于全国平均水平,但由于环境治理效率的持续走低,导致“十二五”阶段海洋经济绿色增长效率呈下行趋势,而自 2015 年以来,伴随海洋生态文明建设的逐步深入,河北海洋环境治理效率趋于优化,海洋经济绿色增长效率也呈现抬升态势。

(3) 东部海洋经济圈

东部海洋经济圈的海洋经济绿色增长效率增长最为平稳，且自2010年以来，效率水平显著高于其他海洋经济圈。其中，“十一五”阶段，东部海洋经济圈增长最为迅速，从2006年的0.5166增长至2010年的0.5853；在“十二五”阶段，东部海洋经济圈的海洋经济绿色增长效率基本保持稳定并略有上升，于2015年略有波动性下滑但并不显著；“十三五”阶段，东部海洋经济圈再次出现效率水平的显著性提升，到2018年，东部海洋经济圈海洋经济绿色增长效率水平已到达了0.6233，远远高于同时期的南部海洋经济圈的0.4758以及北部海洋经济圈的0.4273。东部海洋经济圈覆盖上海、江苏和浙江，港航资源丰富，港口航运体系优势明显，为海洋经济发展带来了巨大优势。此外，从其地理位置与战略地位来看，“一带一路”经济带与长江经济带交汇与此，海洋经济“外联内通”，外向型特征明显，为东部海洋经济圈的发展提供了良好的条件。

从具体省市的表现来看，研究期内上海、江苏和浙江均呈现波动上升态势。其中，上海海洋经济绿色增长效率在2006—2014年增长较快，但2015年以后效率增速放缓。这一现象产生的原因主要是环境治理效率的变动，上海海洋经济生产效率一直处于较高水平，远高于同时期其他省（区、市），但由于近海严重的海洋污染问题，海洋环境治理压力繁重，在很大程度上拉低了海洋经济绿色增长效率水平。江苏和浙江环境治理效率多高于生产效率，但是随着近年来资源环境压力的逐渐加重，海洋环境治理的压力也是逐渐增加，特别是“十二五”期间海洋环境治理效率有所下降，环境治理效率与生产效率水平趋于一致。

(4) 南部海洋经济圈

南部海洋经济圈的海洋经济绿色增长效率呈现先增后减的变化趋势。“十一五”阶段，南部海洋经济圈的海洋经济绿色增长效率优势明显，显著高于其他省（区、市），且增长幅度尤为明显，从2006年的0.5194上升至2009年的0.5718，而同时期全国平均水平仅为0.5150。但从2010年开始，南部海洋经济圈的海洋经济绿色增长效率就开始呈现下降趋势，并于2017年开始低于全国平均水平，至2018年仅为0.4758。南部海洋经济圈海域面积广阔，具有丰富的海洋资源，前期海洋经济绿色增长效率的快速提升可能与该地区资源禀赋有关，但伴随开发程度的加深，海洋经济增长中的资源环境约束逐渐凸显，海洋经济绿色增长效率持续走低。

从具体省（区）来看，海南和广西海洋经济绿色增长效率均呈现下降趋势。研究期内，两省（区）各自的生产效率与环境治理效率较为接近，且研究期内均有下降趋势，尽管“十三五”阶段环境治理效率略有抬升，但并未能有效改变海洋经济绿色增长效率下降的趋势。广东海洋经济绿色增长效率在研究期内呈现上升态势,其变动状态与其生产效率的走势基本一致,其中,在"十一五""十二五"阶段环境治理效率高于其生产效率,在很大程度上提升了海洋经济绿色增长效率水平,但"十三五"以来,广东海洋环境压力有所增强,同时生产水平不断上升,故而表现为"十三五"阶段海洋经济绿色增长效率增长速度的减缓。福建海洋经济绿色增长效率呈现波动性上升态势,且环境治理效率大多高于生产效率,但环境治理效率的波动性更强。

4.5 本章小结

本章将经济发展与环境保护并重的发展理念融入效率评价的目标设置,设计包含海洋经济生产与环境治理两大环节的网络结构,构建了一种新的基于中立策略的生产—治理两阶段交叉效率模型。首先,利用该模型定义了我国海洋经济绿色增长效率,并分解为生产效率和环境治理效率;其次,结合海洋经济特征及相关文献研究成果,科学选择投入产出指标;最后,以 2006—2018 年为样本期,从时间和区域维度分别测度了我国海洋经济绿色增长效率、生产效率和环境治理效率,基于此研判"十一五""十二五""十三五"规划重大战略对我国海洋经济绿色增长的影响作用,以期为制定科学合理的海洋经济可持续发展政策提供支撑。本书的主要结论如下。

(1) 从时间维度来看,我国海洋经济绿色增长效率及其分解的环境治理效率的变动与五年规划同步,整体呈现"增—减—增"的正 N 形走势,生产效率则呈现稳步提升态势

"十一五"阶段海洋经济绿色增长效率增加明显,从 0.4732 上涨至 0.5128,其中,环境治理效率上涨幅度达 18.8%,生产效率也提升了 7.2%。但随着我国海洋资源开发程度的加深,党的十八大提出进行生态文明建设,对海洋经济进行了资源环境约束,"十二五"期间海洋经济绿色增长效率下降了 6.0%,环境治理效率下降幅度达 36%,生产效率增长速度也有所减慢,仅上涨了 2.7%;"十三五"规划以来,随着我国海洋生态文明建设的逐步推进,海洋经济绿色增长效率恢复上涨趋势,生产效率与环境治理效率也呈现出不同幅度的上涨,特别是海洋环境治理效率上涨尤为明显,年均上涨 5.2%。

(2) 从区域层面来看,三大海洋经济圈呈现差异化特征

北部海洋经济圈的海洋经济绿色增长效率显著低于其他地区,仅为全国平均水平的 82%。从变化趋势来看,其走势与全国层面走势基本一致,也呈现"增—减—增"的正 N 形走势。北部海洋经济圈生产效率与环境治理效率的双

低导致了海洋经济绿色增长效率整体低于其他地区。

东部海洋经济圈的海洋经济绿色增长效率及生产效率与环境治理效率均高于同时期全国平均水平。该区域生产效率上涨明显，2006—2018 年生产效率提升达 32%，远高于 10%的全国平均上涨水平，生产效率是保障东部海洋经济圈海洋经济绿色增长效率长期保持领先地位的关键因素。然而，其环境治理效率自 2011 年起出现了下降，但相比于其他地区，仍占有一定优势。

南部海洋经济圈以“十三五”为界，海洋经济绿色增长效率及其分解的生产效率首次低于全国平均水平，而环境治理效率则始终高于同时期全国平均水平。南部海洋经济圈海洋经济绿色增长效率整体呈现先增后减的变化趋势，“十一五”阶段南部海洋经济圈海洋经济绿色增长效率一直领先于其他两个海洋经济圈，但由于 2011 年开始出现生产效率大幅下降，导致海洋经济绿色增长效率下降，在“十三五”阶段低于全国平均水平。

5 海洋经济绿色增长效率的收敛特征与动态演进分析

海洋经济绿色增长不仅需要注重效率的提高，也需要关注区域间效率的差距变化，助力区域统筹协调发展。第4章对2006—2018年我国沿海11个省(区、市)海洋经济绿色增长效率及其分解的海洋经济生产效率及环境治理效率进行了测度与分析，并对三大海洋经济圈的效率变化进行了初步探讨。本书将重点关注海洋经济绿色增长过程中区域效率差距的变动以及效率演进趋势的变化，利用收敛理论对海洋经济绿色增长过程中的区域效率差距进行研判，并借助核密度估计、马尔科夫链方法等对我国海洋经济绿色增长效率动态演进趋势予以分析，从而厘清我国海洋经济绿色增长过程中区域效率差距的变动以及效率的演进趋势。

5.1 区域差异与演进分析研究思路

海洋作为高质量发展的战略要地，海洋经济的高质量发展不仅要实现效率提升，同时也需要注意区域发展的协调性，避免产生过大的区域差异。在资源环境约束下，伴随着环境治理能力的逐步加强，海洋经济增长的区域差异将不断增大或是趋于收紧？海洋经济绿色增长效率将朝着怎样的方向发展？为系统地回答上述问题，本书将运用收敛理论与方法，从国家与海洋经济圈等多层面核验我国海洋经济绿色增长效率的区域差距变动趋势，明确区域效率的“追赶效应”的存在性，挖掘海洋经济基础条件对效率稳态的影响；借助核密度估计等非参数方法，对整体海洋经济绿色增长效率的分布状态与发展态势进行分析；结合马尔科夫链方法，厘清不同效率水平省(区、市)海洋经济绿色增长效率的发展方向(图5-1)。

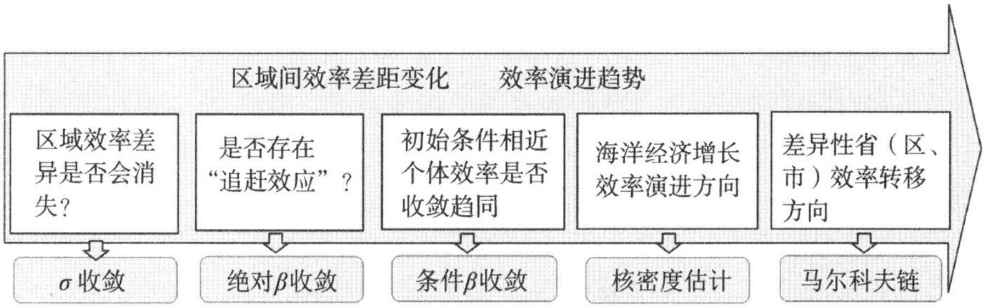

区域间效率差距变化　效率演进趋势

区域效率差异是否会消失？ → σ收敛

是否存在“追赶效应”？ → 绝对β收敛

初始条件相近个体效率是否收敛趋同 → 条件β收敛

海洋经济增长效率演进方向 → 核密度估计

差异性省（区、市）效率转移方向 → 马尔科夫链

图 5-1　海洋经济绿色增长效率区域差异与演进分析研究思路

现有研究多基于收敛假说进行区域差异化的分析。“收敛”起源于“索罗模型”探讨经济增长是否存在“稳态”，以解释不同经济体经济增长的追赶效应(Solow,1956)。收敛性描述了封闭经济系统中，有限经济空间内差异性经济体（如国家、地区、家庭生产单元）人均产出（或收入）与其经济增长之间的反向关系。换言之，欠发达经济体倾向于具有更高的经济增长率，从而使产出（或收入）差距逐渐减小甚至消弭，即认为各经济体的人均产出（或收入）终会收敛到某一水平(Sachs 和 Warner，1995)。

伴随经济增长理论的发展，收敛理论的研究范围由原始的产出（收入）分析逐步向经济效率（孙钰等，2021；Angeliki 等，2021）、全要素生产率（Dominguez 等，2021；薛建春等，2021）等概念拓展，并应用于能源环境（Pettersson 等，2014；孔晴，2019）、教育医疗（杨应策等，2021）、科技创新（杨骞等，2021）、产业发展（吕承超和崔悦，2020）等领域，为政府政策的制定与实施提供了重要的理论参考。效率是反映经济增长质量的重要体现，不同经济体的效率差异会对经济发展走向具有重要影响。以本书的研究对象为例，如果在海洋经济的增长过程中，各地区的效率存在收敛性，则各沿海省（区、市）间的效率差距将不断减小；但若各省（区、市）间的各阶段效率表现为发散特征，则区域差距将呈现放大态势。此时，为实现区域海洋经济的协调发展，需要政府施加必要的政策引导，促进要素间的流动，加强区域间的合作交流，进而缩小不同地区的海洋经济发展差距。

收敛性的测算方法主要有 σ 收敛和 β 收敛两种，β 收敛依据稳态水平的差异分为绝对 β 收敛和条件 β 收敛。本部分将对三种收敛模式与检验方法进行概述，并对我国海洋经济绿色增长效率及其各环节效率的收敛情况予以检验，探明我国海洋经济绿色增长效率的演进规律。

收敛性检验关注海洋经济绿色增长过程中的区域效率差距的走势，研判我国海洋经济绿色增长能否实现区域协调发展，但是，无法对海洋经济绿色增长效率走势进行研判。显然，低效率无差异的海洋经济绿色增长也并不是理性的海洋经济发展结果，海洋经济的高质量发展必然是海洋经济各运行环节的有序高效且同时保证区域差距处于可控状态的增长态势。因此，本书拟在收敛性研究的基础上对其动态演变趋势进行分析，借助核密度估计方法探索不同时期我国海洋经济绿色增长效率的分布形态进而对其整体演变趋势进行研判，借助马尔科夫链方法离散化处理海洋经济绿色增长效率，对各效率水平省(区、市)的相对位置及其变动方向予以分析，从而系统掌握我国海洋经济绿色增长效率的演进方向。

5.2 海洋经济绿色增长效率的 σ 收敛检验

5.2.1 σ 收敛模型

σ 收敛描述了差异性经济体逐渐趋于整体均值的动态演绎过程。σ 收敛认为差异性经济体的人均收入(产出)趋向于一致，随时间演化区域差距趋于收紧(Sala，1996)，通常以方差、标准差、基尼系数、变异系数等辅助判断。本书采用变异系数与标准差对海洋经济绿色增长中的效率变化进行 σ 收敛检验。以 $E_{i,t}$ 表征第 $i(i=1,\cdots,N)$ 个省(区、市)在第 t 期时的海洋经济绿色增长效率水平，$\overline{E_t}$ 表示第 t 期的平均效率水平，N 为地区个数，则第 t 期的标准差 S_t 计算如下：

$$S_t=\sqrt{\frac{1}{N}\sum_{i=1}^{N}(E_{i,t}-\overline{E_t})} \tag{5-1}$$

t 期变异系数 CV_t 为：

$$CV_t=\frac{S_t}{\overline{E_t}} \tag{5-2}$$

通过分析研究期内 S_t 和 CV_t 的变动情况，可对海洋经济绿色增长效率变动予以判别，若 S_t 和 CV_t 缩小，则可判定为海洋经济系统存在 σ 收敛。进一步给出回归模型，对 CV_t 走向给予更确切的判断，回归如下模型：

$$CV_t=\alpha+\theta t+\varepsilon_t \tag{5-3}$$

式中，t 为时间变量，通过分析系数 θ 的显著性与正负可对海洋经济绿色增长效率的 σ 收敛进行判断。若 $\theta<0$，且显著，则表明不同省(区、市)的海洋经济绿色增长效率的区域差异将缩小，区域间存在 σ 收敛；若 $\theta>0$，表明不同省(区、市)的海洋经济绿色增长效率差距正呈现放大态势，不存在 σ 收敛情况。

5.2.2 实证结果分析与讨论

本部分将以第 4 章中获取的海洋经济绿色增长效率及其分解的生产效率

以及环境治理效率为基础，对其收敛性进行检验，从而对我国海洋经济绿色增长过程中的效率演变趋势进行研判。2006—2018年，中国11个沿海省（区、市）的海洋经济绿色增长效率的标准差与变异系数如表5-1所示。

表5-1 我国海洋经济绿色增长效率的标准差与变异系数

年份	海洋经济绿色增长效率		生产效率		环境治理效率	
	标准差	变异系数	标准差	变异系数	标准差	变异系数
2006	0.1601	0.3384	0.1832	0.3842	0.1828	0.3257
2007	0.1586	0.3236	0.1784	0.3633	0.1721	0.3030
2008	0.1610	0.3198	0.1818	0.3665	0.1597	0.2530
2009	0.1583	0.3073	0.1778	0.3524	0.1610	0.2398
2010	0.1472	0.2871	0.1762	0.3445	0.1418	0.2128
2011	0.1396	0.2709	0.1650	0.3163	0.1164	0.1957
2012	0.1451	0.2849	0.1650	0.3153	0.1229	0.2253
2013	0.1480	0.2968	0.1647	0.3152	0.1360	0.2802
2014	0.1506	0.3065	0.1679	0.3209	0.1361	0.3019
2015	0.1407	0.2899	0.1676	0.3191	0.1196	0.2815
2016	0.1358	0.2773	0.1708	0.3236	0.1118	0.2546
2017	0.1347	0.2731	0.1755	0.3322	0.1190	0.2581
2018	0.1449	0.2907	0.1850	0.3507	0.1124	0.2285

数据来源：笔者根据Stata软件计算整理所得。

(1) 全国层面的σ收敛检验

全国层面上，从变异系数与标准差的大小来看，生产效率倾向于具有更大的变异系数与标准差，而环境治理效率的变异系数与标准差则相对较小，海洋经济绿色增长效率作为全面反馈海洋经济绿色增长的综合指标，其变异系数与标准差多处于环境治理效率与生产效率之间，换言之，同一阶段中，区域间生产效率差异大于环境治理效率差异。从变异系数与标准差的变动趋势来看，海洋经济绿色增长效率及其分解的生产效率与环境治理效率的变异系数均呈现阶段性变化特征，且海洋经济绿色增长效率与环境治理效率的变化方向基本同向，生产效率变动与之相比略有差异。

就海洋经济绿色增长效率而言，从标准差与变异系数的变化来看，均呈现出“减—增—减”变化态势。具体来看，在“十一五”期间海洋经济绿色增长效率的变异系数与标准差均趋于缩小，呈现收敛态势，并一直延续到 2011 年，变异系数达到研究期内的最低水平。但这一收敛态势于 2012 年发生了改变，变异系数与标准差均出现了不同幅度的上涨，表明海洋经济绿色增长效率的差异化程度略有上升。需要指出的是，海洋经济绿色增长效率的这一上涨走势并没有延续很长时间，从 2015 年开始变异系数开始走低，海洋经济绿色增长效率的区域差异开始减小。简言之，海洋经济绿色增长效率整体呈现收敛态势，只在“十二五”期间出现了短暂的波动，海洋经济绿色增长效率具有 σ 收敛特征。

就生产效率而言，标准差与变异系数均呈现“减－增”的 V 形走势。其中，“十一五”与“十二五”阶段，即 2006—2015 年，海洋经济生产效率的标准差与变异系数整体区域下降，从 0.3842 下降至 2015 年的 0.3191，展现为阶段性的收敛，海洋经济生产效率差异呈现缩小态势。但是这一收敛情况在“十三五”时期并未得以延续，自 2016 年开始，生产效率的标准差与变异系数均出现了轻微上扬，海洋经济生产过程中的区域效率差距呈现轻微放大。

就环境治理效率变化来看，其整体走势与海洋经济绿色增长效率基本一致，表现为“减－增－减”变化态势，但波动幅度较为显著。具体来看，在“十一五”阶段，变异系数与标准差均呈现减小态势，环境治理效率的区域差距缩小，直至 2011 年变异系数减小至 0.1957。但是从 2012 年开始，海洋经济环境治理效率开始快速上升，到 2014 年变异系数已经达到了 0.3019。“十二五”以来，沿海地区海域环境问题不断加重，特别是渤海湾溢油事件等突发性海洋环境污染事故的发生，给海洋环境治理带来了前所未有的挑战，加之不同地区海洋环境治理方式、管理政策的差异，致使环境治理的区域效率差距急剧放大。环境治理效率差距的增大在很大程度上是导致海洋经济绿色增长效率的区域差距放大的重要原因。需要指出的是，环境治理效率的变异系数与标准差的高位水平仅持续到了 2014 年，自 2015 年开始，环境治理效率的变异系数又开始下降，区域差距有缩小态势。

进一步对 2006—2018 年我国海洋经济绿色增长效率进行 σ 收敛检验，结果如表 5-2 所示。首先，就海洋经济绿色增长效率的变动来看，全国层面的 θ 值取值为负，且在 1% 的显著性水平下仍然显著。这表明我国海洋经济整体上的海洋经济绿色增长效率具有 σ 收敛特征，与标准差与变异系数的检验结果基本一致，尽管变异系数在“十二五”阶段存在短时间的上浮，但并不影响整体收敛态势。其次，就生产效率变动而言，生产效率的 θ 值取值为负，且在 5% 的显著性水平下通过检验，表明生产阶段的效率也具有收敛特征，整体变化较为平缓，“十三五”以来，变异系数的轻微上扬并未对整体收敛状况产生干扰，生产效率表现为整体收敛，局部短期发散特征。再次，对环境治理效率进行 σ 收敛检验，尽管其 θ 值取值依然为负，但是其 p 值并不显著，“十二五”期间环境治理效率的短期内区域差距的突然放大等变化表明，环境治理效率的区域分异特征较为明显，政府必须采取必要措施，进行政策干预，推动区域间的海洋环境协同治理，从而全面提高海洋经济绿色增长效率。

表 5-2 我国海洋经济绿色增长效率 σ 收敛检验结果

收敛检验值	海洋经济绿色增长效率	生产效率	环境治理效率
θ 值	−0.0038	−0.0037	−0.0023
p 值	0.005	0.022	0.450

(2) 区域层面的 σ 收敛检验

区域层面上，本部分对三大海洋经济圈海洋经济绿色增长效率、生产效率以及环境治理效率的变异系数进行分析，探寻各海洋经济圈内部的发展差异性。

我国三大海洋经济圈的海洋经济绿色增长效率的变异系数变动曲线如图 5-2 所示。对于北部海洋经济圈而言，海洋经济绿色增长效率的变异系数显著高于同时期其他海洋经济圈，也就是说，北部海洋经济圈内部差距较高，但变异系数整体呈现下降态势，具体来看，“十一五”阶段下降速度比较迅速、明显，区域内差距收缩显著，但自 2012 年开始，变异系数的下降有所减缓，但仍处于平稳下降态势。如表 5-3 所示，σ 收敛检验结果表明，θ 值取值为负，且较为显著，进一步印证了北部海洋经济圈的 σ 收敛走势。从东部海洋经济圈来看，“十一五”前期变异系数呈现减小态势，但自 2008 年开始，东部海洋经济圈的变异系数一路走高，区域差距不断扩大，σ 收敛检验 θ 值为正进一步刻画了其发散特征。南部海洋经济圈海洋经济绿色增长效率的变异系数的下降趋势最为明显，是三大海洋经济圈中收敛态势最显著的地区，区域内海洋经济绿色增长效率差距明显缩小。

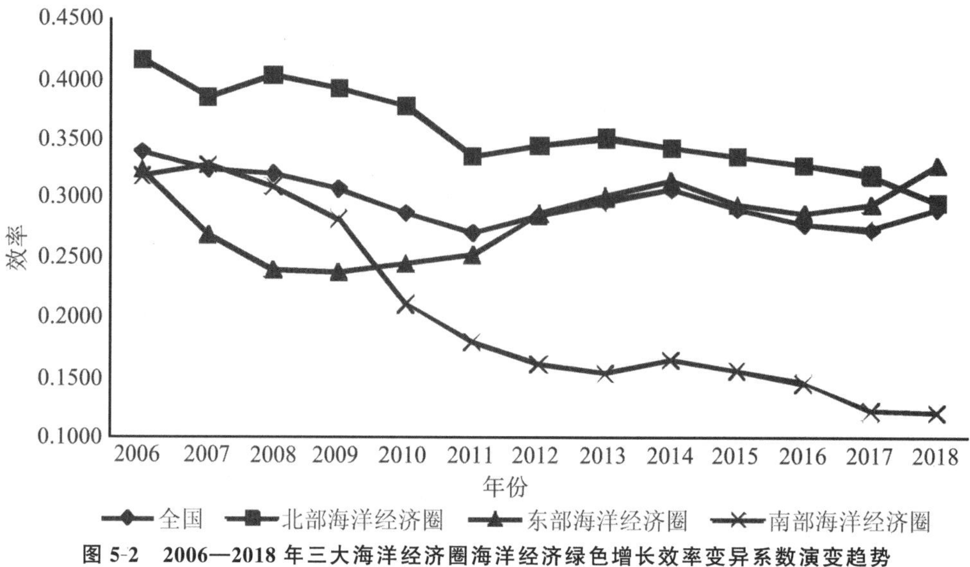

图 5-2　2006—2018 年三大海洋经济圈海洋经济绿色增长效率变异系数演变趋势

表 5-3　全国及三大海洋经济圈海洋经济绿色增长效率收敛检验结果

收敛检验值	海洋经济绿色增长效率			
	全国	北部	东部	南部
θ 值	−0.0038	−0.0086	0.0039	−0.0185
p 值	0.005	0	0.094	0

从海洋经济生产效率的变异系数来看(图 5-3),三大海洋经济圈生产效率的收敛态势基本一致,即北部海洋经济圈与南部海洋经济圈均满足 σ 收敛特征,而东部海洋经济圈表现为发散。具体来看,北部海洋经济圈在"十一五"阶段,生产效率变异系数略有增加,区域差距有所放大,但自 2011 年开始,其变异系数一路走低,在生产效率区域差距不断缩小。东部海洋经济圈生产效率的变异系数在"十一五"阶段下降,区域效率差异收紧,但自"十二五"以来,生产效率的变异系数快速上涨,区域效率差距不断放大,即呈现"减一增"的 V 形走势。随着我国海洋事业开发进程的不断加快,以上海为代表的海洋经济先行地区的生产优势开始凸显,但浙江、江苏显然未能与之同步,致使东部海洋经济圈内部差距增加。σ 收敛检验结果也印证了这一结论,如表 5-4 所示,东部海洋经济圈的 θ 值取值为正,且较为显著。南部海洋经济圈生产效率的变异系数持续走低,区域内的效率差距不断缩小,同时,生产效率的趋同性变化在一定程度上是促使南部海洋经济圈海洋经济绿色增长效率收敛的重要原因。

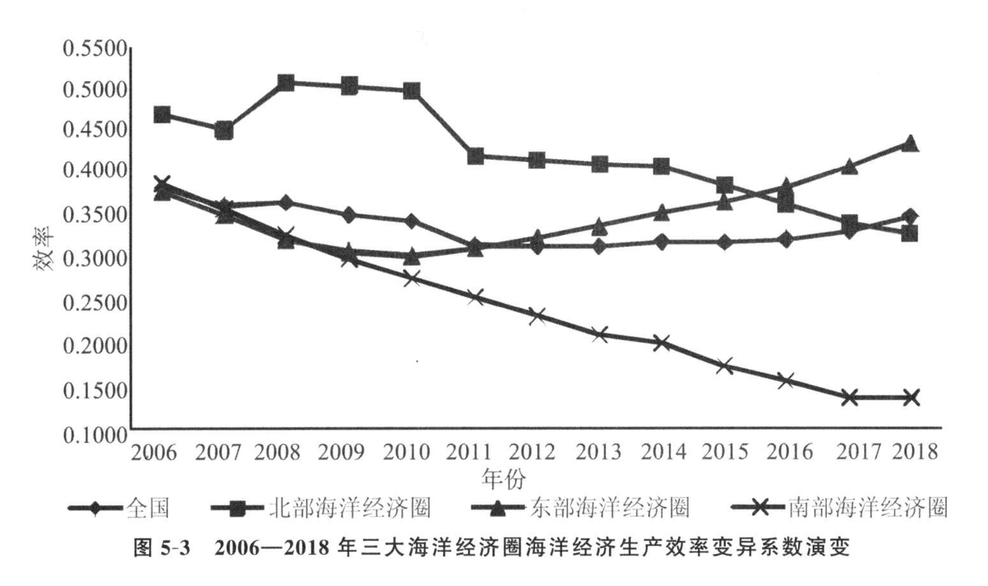

图 5-3 2006—2018 年三大海洋经济圈海洋经济生产效率变异系数演变

表 5-4 全国及三大海洋经济圈海洋经济生产效率 σ 收敛检验结果

收敛检验值	生产效率全国			
	全国	北部	东部	南部
θ 值	−0.0037	−0.0138	0.0065	−0.0214
p 值	0.022	0.000	0.025	0.000

就海洋经济环境治理效率来看(图 5-4),整体而言,各区域环境治理效率的变异系数波动性显著高于生产效率的变异系数的变化,环境治理效率的区域差距更为显著。具体来看,北部海洋经济圈环境治理效率的变异系数变动最为剧烈,特别是在“十一五”阶段,变异系数呈现剧烈波动。从 2011 年开始,北部海洋经济圈的环境治理效率的变异系数呈现波动性走高,这可能与环渤海地区资源环境的约束逐渐收紧有关,频发的海洋污染事件对渤海周边地带海洋环境治理带来巨大压力,污染治理技术、管理等的差异致使海洋环境治理效率分异性增强。北部海洋经济圈 σ 收敛检验结果如表 5-5 所示,其 θ 值取值为正且不显著也表现出来海洋环境治理阶段变动的不一致性。就东部海洋经济圈而言,其变异系数呈现“减一增”的 V 形走势,即在“十一五”阶段变异系数减小,区域内效率差距收紧,但自 2011 年开始,东部海洋经济圈的环境治理阶段的效率差距即呈现放大趋势,呈现出明显的发散特征。对整个研究期的 σ 收敛检验也表明,东部海洋经济的 θ 值取值为正,且较为显著,东部海洋经济圈内部环境治理

效率差距呈放大态势，需要对其进行政策介入辅助调节，从而推进区域协调发展。南部海洋经济圈的环境治理效率整体的 σ 收敛检验表明，在 10%的显著性水平下具有收敛特征，从具体研究期来看，变异系数呈现“减—增—减”的变化特征，即整体性收敛伴随短时间发散。

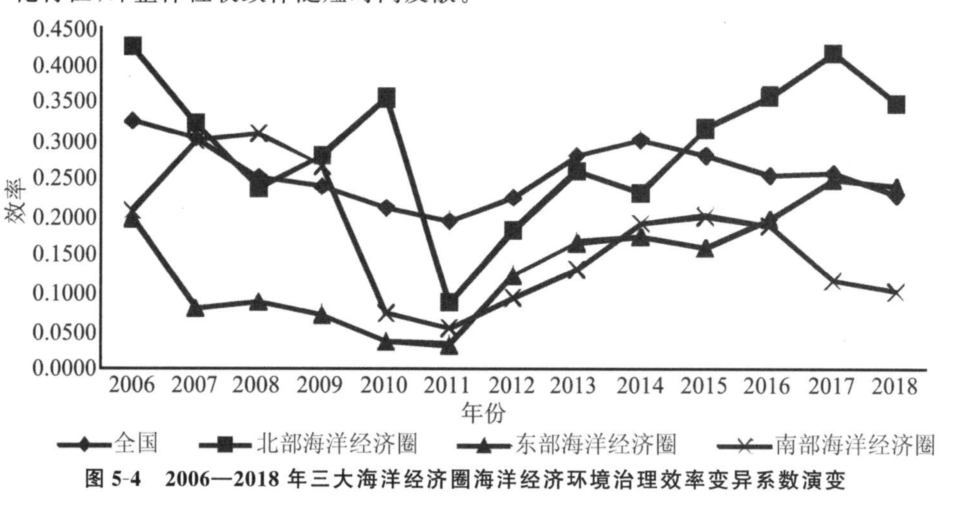

图 5-4　2006—2018 年三大海洋经济圈海洋经济环境治理效率变异系数演变

表 5-5　全国及三大海洋经济圈海洋经济环境治理效率 σ 收敛检验结果

收敛检验值	环境治理效率			
	全国	北部	东部	南部
θ 值	−0.0023	0.0030	0.0121	−0.0106
p 值	0.450	0.690	0.017	0.093

5.3　海洋经济绿色增长效率的绝对 β 收敛检验

5.3.1　绝对 β 收敛模型

β 收敛关注于经济增长的稳态，认为初始状态低人均收入（产出）的经济体具有比高人均收入（产出）经济体更高的增长速率。绝对 β 收敛指出，各经济体的人均收入（产出）随时间演进将实现一致的稳定状态。仍以 $E_{i,t}$ 表征第 $i(i=1,\cdots,N)$ 个沿海省（区、市）在第 t 期时的海洋经济绿色增长效率，绝对 β 收敛的模型设定如下：

$$\frac{\ln(E_{i,t}/E_{i,0})}{T}=\alpha+\beta\ln(E_{i,0})+\varepsilon \tag{5-4}$$

式中，$E_{i,0}$ 表示研究初期的效率水平，对效率水平求取自然对数，以 $\ln(\cdot)$ 表征。T 为样本时间长度，$\frac{\ln(E_{i,t}/E_{i,0})}{T}$表征 T 年间第 i 个省（区、市）海洋经济绿色增长效率年均变化率。β 为待估参数，若回归结果表明 $\beta<0$ 且满足显著性检验，则表明我国海洋经济绿色增长效率变动趋于收敛，满足绝对 β 收敛；若 $\beta>0$ 则表明海洋经济绿色增长效率变化是发散的，无绝对 β 收敛趋势。

5.3.2 实证结果分析与讨论

为进一步检验省域海洋经济绿色增长过程中生产阶段与环境治理阶段的低效率省（区、市）是否对高效率省（区、市）存在“追赶效应”，本部分利用 Stata 软件进行处理，利用整个样本期的相关数据对全国层面与区域层面的海洋经济绿色增长效率进行绝对 β 收敛检验。

(1) 全国层面的绝对 β 收敛检验

表 5-6 展示了全国层面海洋经济绿色增长效率的绝对 β 收敛检验结果。从全国层面来看，海洋经济绿色增长效率、生产效率以及环境治理效率的回归方程 β 值分别为－0.0337、－0.0317 以及－0.0700，且在 5％的显著性水平下均表现为显著。这一结果表明，在海洋经济的绿色增长过程中，无论是海洋经济绿色增长效率还是对于其分解出的生产效率与环境治理效率，其效率的增长速度与区域初始效率水平表现为负向关系，随着时间演进，低海洋经济绿色增长效率省（区、市）最终将通过“追赶效应”达到与高效率省（区、市）的相同稳态水平。

表 5-6　我国海洋经济绿色增长效率的绝对 β 收敛检验

收敛检验值	海洋经济绿色增长效率	生产效率	环境治理效率
β	－0.0337**（－2.68）	－0.0317**（－2.4）	－0.0700**（－4.15）
R^2	0.4438	0.3899	0.6572

注：* 为 10％的显著性水平；** 为 5％的显著性水平；括号内数字为 t 统计量。

通过对各效率 β 值的比较发现，环境治理效率的系数具有更大的绝对值，也就是说，海洋经济环境治理效率水平的收敛速度高于生产效率收敛速度。与生产效率相比，海洋经济的环境治理更需要区域之间的协作与沟通，其区域之间的相互联系更为交错复杂，相互交织。由于海洋水体的流动性，各省（区、市）之间的海洋环境系统相互融合，某一省（区、市）海洋环境的治理低效势必会对其周边省（区、市）产生波及效应。相较而言，尽管海洋经济的生产过程依赖于海洋空间体系，但其使用的劳动、资本、港航资源等的流动特征没有海洋环境系统的流动性强。因此，海洋环境治理效率的绝对 β 收敛性特征更为显著。

(2) 区域层面的 β 收敛检验

从区域层面来看,如表 5-7 所示,三大海洋经济圈的绝对 β 收敛性差异性较大,仅南部海洋经济圈的海洋经济绿色增长效率、生产效率以及环境治理效率表现出显著的收敛性特征。具体来看,南部海洋经济圈的各效率 β 值均为负,且在 10%的显著性水平下具有较好的收敛性特征,将 β 值的大小与全国水平相比,均高于全国同期水平。这一结果表明,南部海洋经济圈各省(区)的海洋经济活动与海洋环境治理系统之间的联系较为紧密,相较于其他区域,要素间的流动较为频繁。北部海洋经济圈的各个效率的 β 值取值也都为负数,但系数并不显著,表明北部海洋经济圈的四个省(市)海洋经济的省际差距依然存在,整体收敛与局部差异并存。特别是对东部海洋经济圈而言,生产效率的 β 值甚至出现了正数,尽管这一数值并不显著,但也表明东部海洋经济圈的海洋经济生产活动具有发散倾向,这一结论与 σ 收敛的结论基本一致。

表 5-7 我国三大海洋经济圈海洋经济绿色增长效率的绝对 β 收敛检验

收敛检验值	北部海洋经济圈			东部海洋经济圈			南部海洋经济圈		
	E	E1	E2	E	E1	E2	E	E1	E2
β	−0.0312 (−2.31)	−0.0286 (−2.93)	−0.0785 (−1.82)	−0.0048 (−0.32)	0.0089 (0.9)	−0.1093 (−1.1)	−0.0716* (−3.47)	−0.0643* (−4.11)	−0.0802* (−3)
R^2	0.7281	0.8108	0.6237	0.0909	0.4486	0.5478	0.8576	0.8940	0.8183

注:* 为 10%的显著性水平;括号内数字为 t 统计量。

数据来源:笔者根据 Stata 软件计算整理所得。

5.4 海洋经济绿色增长效率的条件 β 收敛检验

5.4.1 条件 β 收敛模型

多重均衡理论指出,经济中可能存在多个稳定状态,由于经济体内部结构以及初始状态的差异,不同经济体可能最终演化于不同的稳定状态(罗传键,2002),且初始状态相近的经济体之间更趋向于具有一致的均衡水平,即呈现"俱乐部"收敛(徐雷等,2021)。条件 β 收敛就是基于多重均衡思想,探讨差异性经济体能否趋近于其稳定状态。

条件 β 收敛的检验方式一般通过双向固定效用的面板模型予以检验。也有部分学者通过在绝对 β 收敛检验中导入控制变量,借以反馈经济结构等内部差异(Peng 等, 2021),但由于控制变量选取的主观性因素的存在,这一方案对实证结果具有较大影响。因此,本书采用如下的双向固定效应对海洋经济绿色增长效率演进予以检验：

$$\ln(E_{i,t}/E_{i,t-1})=\alpha+\beta\ln(E_{i,t-1})+\varepsilon_{i,t} \tag{5-5}$$

式中，α、β 为待估参数，$\ln(E_{i,t-1})$ 表征第 i 个省(区、市)在第 $t-1$ 期的海洋经济绿色增长效率的自然对数，$\ln(E_{i,t}/E_{i,t-1})$ 为自 $t-1$ 至 t 期海洋经济绿色增长效率的变化率。如果 $\beta<0$ 且显著，则表明我国海洋经济绿色增长效率变动趋于收敛，满足条件 β 收敛；若 $\beta>0$，则表明海洋经济绿色增长效率变化是发散的，不存在条件 β 收敛情况。

5.4.2 实证结果分析与讨论

本部分对海洋经济绿色增长效率的条件 β 收敛性进行检验，探索我国及其三大海洋经济圈是否能收敛于其各自稳态。条件 β 收敛性承认了落后经济体与发达经济体之间可实现稳态的差异，并认为这种差异将一直存在。本部分借助面板双向固定效应模型，利用 Stata 软件进行程序处理，对我国海洋经济绿色增长效率变化进行条件 β 收敛性检验。

(1) 全国层面的条件 β 收敛检验

从全国层面来看，如表 5-8 所示，2006—2018 年，我国海洋经济绿色增长效率的 β 系数为 −0.1224，在 10%的显著性水平满足统计检验。这一结果表明，沿海省(区、市)海洋经济发展整体上满足条件 β 收敛特征。从具体的阶段来看，海洋经济生产效率与环境治理效率的 β 值也均为负数，且在 5%的显著性水平下依然显著。换言之，各沿海省(区、市)的海洋经济绿色增长效率有所波动，但整体仍朝着均衡状态发展，由于稳定状态的差异，造成了区域内部效率差异。

表 5-8 我国海洋经济绿色增长效率的条件收敛检验

收敛检验值	海洋经济绿色增长效率	生产效率	环境治理效率
α	−0.0845* (−1.98)	−0.0860* (−2.2)	−0.1651** (−3.04)
β	−0.1224* (−2.12)	−0.1328** (−2.47)	−0.2377** (−2.9)
R^2	0.0794	0.1054	0.1466

注：* 为 10%的显著性水平；** 为 5%的显著性水平；括号内数字为 t 统计量。

数据来源：笔者根据 Stata 软件计算整理所得。

(2) 区域层面的条件 β 收敛检验

从区域层面来看,如表 5-9 所示,各海洋经济圈的海洋经济绿色增长效率及其分阶段效率表现出差异化的条件 β 收敛性特征。首先,就海洋经济绿色增长效率方面,三大海洋经济圈的 β 系数均为负,但只有南部海洋经济圈表现显著,满足条件 β 收敛性特征。换言之,尽管在全国层面上各地区的海洋经济绿色增长效率倾向收敛于各自的稳态,但是北部海洋经济圈与东部海洋经济圈的区域内差距比较显著,不过也未出现发散特征。其次,就海洋经济生产效率的收敛特征方面,其与海洋经济绿色增长效率的特征基本一致,仅南部海洋经济圈表现为条件 β 收敛,其余两大海洋经济圈并无显著收敛性特征。最后,海洋经济的环境治理效率方面,北部海洋经济圈和南部海洋经济圈均具有条件 β 收敛性,区域内部呈现出各自稳定的收敛性特点,海洋经济环境治理均在有条不紊地向各自的稳态发展;而东部海洋经济圈的条件 β 收敛特征并不显著,较之于其他地区,东部海洋经济圈内部的波动性相对较强,尚未形成稳定的发展态势,政府有必要通过一定的政策调节,提高该地区海洋经济的环境治理效率水平。

表 5-9 我国三大海洋经济圈海洋经济绿色增长效率的条件 β 收敛检验

收敛检验值	北部海洋经济圈			东部海洋经济圈			南部海洋经济圈		
	E	E1	E2	E	E1	E2	E	E1	E2
α	−0.0376 (−0.64)	−0.0573 (−0.77)	−0.0988** (−4)	−0.1227 (−1.5)	−0.0283 (−0.44)	−0.0805* (−4.16)	0.01719 (0.048)	−0.1909** (−4.03)	−0.2672* (−2.63)
β	−0.0505 (−0.0376)	−0.0867 (−0.75)	−0.1542** (−3.49)	−0.2389 (−1.69)	−0.0914 (−0.84)	−0.1137 (−2.87)	−0.1915** (−3.78)	−0.2222** (−4.26)	−0.3099* (−2.73)
R^2	0.0247	0.1178	0.0652	0.2758	0.2251	0.0484	0.1084	0.1224	0.2188

注:* 为 10%的显著性水平;** 为 5%的显著性水平;括号内数字为 t 统计量。

5.5 海洋经济绿色增长效率的整体演进趋势分析

5.2 至 5.4 节运用收敛理论对海洋经济绿色增长效率及其分解的生产效率以及环境治理效率的区域间差距变化进行了系统分析,厘清了我国海洋经济收敛特性的总体趋势。为精准研判我国海洋经济绿色增长效率动态演进态势,本节将海洋经济绿色增长效率视为连续状态,借助核密度估计手段,对海洋经济绿色增长效率的分布与演化态势进行深入剖析。

5.5.1 核密度估计模型

核密度估计作为一种探讨空间非均衡问题的非参数方法,将海洋经济绿色增长效率或具体环节的效率作为连续随机变量处理，对其概率密度予以估算，借助平滑密度曲线直观反馈其分布状态与变化走势，是对收敛检验中区域差距结论的有效补充(陈明华等，2021)。假定随机变量 X 位于点 x 的概率密度 $f(x)$ 可以表示为：

$$f(x)=\frac{1}{Nh}\sum_{i=1}^{N}K\left(\frac{X_i-\overline{X}}{h}\right) \tag{5-6}$$

式中，N 为观测值个数，X_i 为样本观测值，满足独立同分布特征，其均值为 $\overline{X}$。h 为带宽，能够对核密度估计的平滑水平以及估计精度产生决定作用，当带宽较大时，核密度曲线较为光滑，曲线携带则信息量相对偏少，带宽越小则曲线越可能会丧失一定的光滑度，但能够反馈出更多的数据信息，故而一般以均方误差最小化进行带宽选取。$K(x)$ 为核函数，可视为一种平滑转换函数，满足如下约束要求：

$$\begin{cases}\lim\limits_{x\to\infty}K(x)x=0\\ K(x)\geqslant 0 \quad \int_{-\infty}^{+\infty}K(x)\mathrm{d}x=1\\ \sup K(x)<+\infty \quad \int_{-\infty}^{+\infty}K^2(x)\mathrm{d}x=1\end{cases} \tag{5-7}$$

常见核函数形式包括高斯核、三角核、伽马核、均匀核等多种形式，核函数对估计结果的影响不大，本书选用最为常见的高斯核函数进行估计，形式如下：

$$K(x)=\frac{1}{\sqrt{2\pi}}\exp\left(-\frac{x^2}{2}\right) \tag{5-8}$$

利用高斯核函数，并借助 Matlab 默认带宽对我国海洋经济绿色增长效率以及生产效率与环境治理效率进行核密度估计，以此实现对我国海洋经济绿色增长效率演进特征的分析。

5.5.2 实证结果分析与讨论

借助 Matlab 2012b 软件，利用 5.5.1 节给出的核密度估计方法对我国海洋经济绿色增长效率及其分解的生产效率与环境治理效率进行拟合估计，以效率为 x 轴，年份为 y 轴，核密度为 z 轴，绘制三维坐标图(图 5-5、5-6 及 5-7)。本节将对我国海洋经济绿色增长效率的波峰位置、分布走势、曲线延展性以及极化趋势等特征进行分析，从而诠释我国海洋经济绿色增长效率的动态演进特征。

(1) 海洋经济绿色增长效率演进分析

就分布位置来看，海洋经济绿色增长效率的主峰位置存在轻微左移现象，并呈现下降趋势。具体来看，我国海洋经济绿色增长效率的主峰位置总体呈现先右移后左移的变化趋势。以 2010 年为分界点，2006—2010 年，主峰位置呈现右移倾向，整体效率水平呈现上升态势。“十一五”阶段我国海洋经济发展迅速，高于同时期国民经济增速，到“十一五”末期，海洋生产总值较之“十五”实现了翻番，伴随着海洋经济生产规模的扩展，海洋经济绿色增长效率也呈现抬升态势。但自 2010 年后，主峰位置则呈现轻微左移，尽管海洋经济生产总值仍处于不断攀升状态，但效率水平略有下降。“十二五”以来，我国海洋经济进入深度调整期，以要素驱动型的海洋经济生产规模扩展与数量扩张，只能在短期内带动经济增长；同时，资源环境约束问题的不断凸显，加之产业结构调整的“阵痛”在一定程度上加剧了海洋经济绿色增长效率的下滑（于彬彬，2017）。

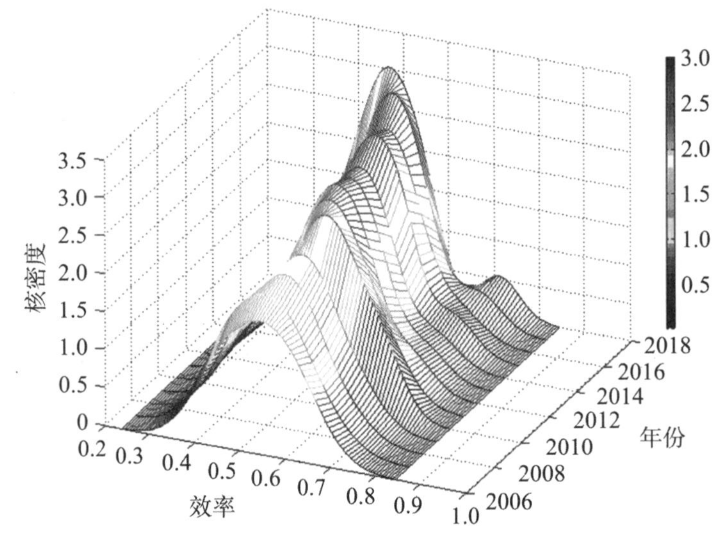

图 5-5　海洋经济绿色增长效率的核密度估计结果

就主波峰高度来看，波峰高度呈现上涨趋势，且开口宽度趋于收窄。波峰高度与开口宽度能够描述区域间效率的差距程度，波峰越高且开口越小则表明区域海洋经济绿色增长效率水平越聚集。研究期内，海洋经济绿色增长效率的核密度曲线波峰高度不断上升，且开口宽度趋于收紧。这表明，区域间的海洋经济绿色增长效率呈现聚集状态，区域差距可控，海洋经济绿色增长效率具有收敛趋势。

从分布延展性来看，海洋经济绿色增长效率分布曲线具有右侧拖尾特征，且随时间推移，右侧拖尾逐渐演化为侧峰。这一现象的产生，主要源于高效率省（区、市）的存在。研究初期，海洋经济绿色增长效率的核密度曲线分布较为对称，近似于正态分布，高效率省（区、市）与低效率省（区、市）数目相当，这一时期海洋经济发展多依赖于要素驱动，以规模扩张与资源利用推动经济增长。随着海洋经济规模扩大，以上海、广东等为代表的先发省（区、市）优势开始逐渐凸显，相较于其他沿海省（区、市）效率优势不断突出，右侧拖尾不断突出，并于2015年前后演化为侧峰。主峰峰值上升、开口收紧同时伴随有右侧侧峰，这种现象表明区域海洋经济绿色增长效率呈现两极化发展，少部分优势省（区、市）效率水平不断优化，而一般性省（区、市）则在资源环境约束下，效率水平略有下降，"优者更优"致使高效率省（区、市）与一般省（区、市）之间存在效率梯度，两个群体分别向各自均衡状态发展。为实现我国海洋经济绿色增长效率水平的整体性提高，需要根据各省（区、市）的实际情况推动其海洋经济的协调发展。

（2）海洋经济生产效率演进分析

图5-6展示了海洋经济生产效率的核密度估计结果。就生产效率分布位置来看，其主峰位置变化与海洋经济绿色增长效率表现基本一致，整体分布呈现轻微左移现象。换言之，生产效率的变化对海洋经济绿色增长效率的走势产生了较大的影响，生产效率区域差异是导致区域海洋经济绿色增长效率差异的重要原因。

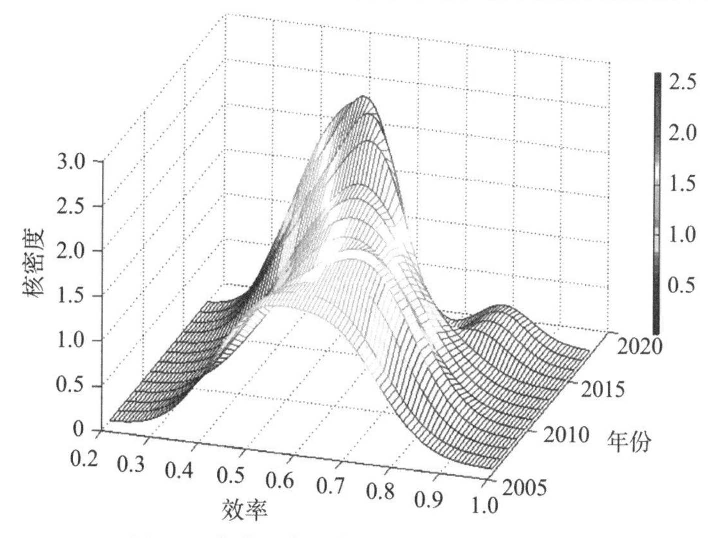

图5-6 海洋经济生产效率的核密度估计结果

就波峰高度与开口宽度来看，生产效率的变化特征依然与海洋经济绿色增长效率一致，但同期内其开口宽度更宽，波峰高度略低于海洋经济绿色增长效率密度曲线。也就是说，海洋经济生产效率差异比海洋经济绿色增长效率差异更大，由于资源禀赋及发展基础等的差别，不同省（区、市）的生产效率差异明显。但随时间推移，生产效率差距呈现缩小态势。

从分布延展性来看，生产效率呈现出右拖尾特征。相较于环境治理效率，生产效率优势省（区、市）更为突出，特别是2015年以来，右侧拖尾逐渐演化为侧峰。生产效率分布形态与海洋经济绿色增长效率的一致性变化进一步说明了海洋经济生产效率对提升整体海洋经济绿色增长效率具有重要作用，海洋经济的绿色增长以生产阶段的高效为支撑。与图4-3所示的我国海洋经济生产效率的演变趋势对比，可以发现，尽管从总体来看我国海洋经济的平均生产效率是上扬的，由于区域生产效率水平的两极分化，"优者更优"整体上拉升了全国平均效率水平，但是事实上，去除生产效率有优势的省（区、市）后，多数省（区、市）的生产效率呈现了轻微的下降。也就是说，在资源环境日益约束收紧的情形下，海洋经济生产面临巨大挑战，在当前增速换挡与产业结构调整多期叠加的背景下，多数省（区、市）的海洋经济生产效率面临挑战。

（3）海洋经济环境治理效率演进分析

海洋经济环境治理效率演进特征与海洋经济绿色增长效率的演变趋势略有差异。如图5-7所示，从环境治理效率的分布位置来看，呈现先左移后右移的变化趋势。以2008年为界，2006—2018年环境治理效率的分布位置呈现左移倾向，即在这一阶段，海洋经济的环境治理压力有所增加，环境治理效率水平整体有降低倾向。自2008年开始，整体分布呈现缓慢右移态势，也就是说，随着国家环境保护力度的加重，海洋经济的环境治理能力不断提升，环境治理效率呈现优化态势。

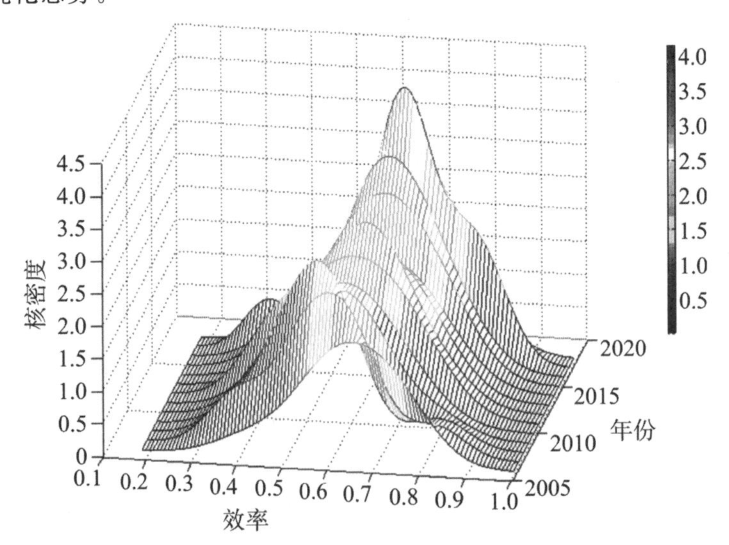

图5-7 海洋经济环境治理效率的核密度估计结果

就波峰高度来看，海洋经济环境治理效率的波峰高度与五年规划同步，呈现周期性涨落变化，并总体表现为波峰高度上升态势。具体来看，“十一五”前期，即2006—2008年环境治理阶段波峰高度呈现上涨趋势，区域环境治理差距收紧，而2008—2010则出现了短期回落；“十二五”与“十三五”阶段的变化态势与之类似，均在五年规划前期呈现波峰高度的提升，并在五年规划的收尾阶段有所回落。需要指出的是，尽管存在短期的波峰高度的下降，但是整体趋势仍是以波峰高度的上升为主。海洋经济环境治理效果的好坏，受到外部环境的干扰较为强烈，当出现突发性环境污染事件时，通常会对海洋环境治理效果产生影响。伴随我国海洋环境治理工作的逐步深入，区域间海洋经济环境治理效率差距呈现波动下降趋势，区域间的合作以及环境治理协调性正在逐步增强，这一结论与姚瑞华等(2021)的结论基本一致。

从分布延展性来看，我国海洋经济环境治理效率在多数时期表现为轻微的右拖尾，而2012年与2017年表现为左拖尾。海洋经济的环境治理效率容易受到突发性环境污染事件的影响(段君雅和任利利，2021)，如蓬莱19-3油田溢油事故爆发后，给北部海洋经济圈周边的辽宁、河北与山东三省的海洋环境带来了巨大影响，导致2012年环境治理效率明显下滑，使该阶段出现左侧拖尾的情况。

5.6 海洋经济绿色增长效率水平的区域内部转移方向分析

5.5节中采用核密度估计方法对海洋经济绿色增长过程中的效率整体演进趋势进行了分析，从系统性视角明确了海洋经济绿色增长效率、生产效率以及环境治理效率的发展趋势。为进一步对系统内部各省(区、市)效率水平所处位置转移特征予以描述，这里将引入马尔科夫链理论(Markov Chain, MC)，对海洋经济绿色增长效率离散化处理，获取各区域效率水平间的转移概率，从而探明海洋经济绿色增长效率水平的内部转移方向与稳定状态。

5.6.1 马尔科夫链方法

$x(t)$为一随机过程，其在时间与状态上均具有离散型特征，假定$x(t)$自时期t至下一期状态由i转化为j的概率，即转移概率为p_{ij}；在时期t该随机过程位于状态$i(i=1,2,\cdots,n)$的概率为$a_i(t)$，且$t+1$期的状态概率$a_i(t+1)$仅与p_{ij}以及$a_i(t)$有关，而不受到其余期状态的影响，如式(5-9)所示，即具有无后效性特征，我们将这种随机过程称为马尔科夫链(Tweedi，1998)。

$$a_i(t+1)=\sum_{i=1}^{n}a_i(t)p_{ij}(i=1,2,\cdots,n) \tag{5-9}$$

转移概率p_{ij}为：

$$p_{ij}=\frac{n_{ij}}{n_i} \tag{5-10}$$

式中，n_{ij} 为研究期内相邻年份由状态 i 转化为 j 的个体数目，n_i 为研究期内状态 i 出现的总数目，由此可构造转移概率矩阵。以四种状态类型为例，四种状态由Ⅰ至Ⅳ状态逐渐优化，可形成如表5-10所示的转移概率矩阵。其中，对角线位置转移概率 p_{ii} 表示某区域相邻年份均为状态 i，换言之，状态未发生改变，为平稳的；若某区域转移至比上一阶段更低的状态水平，即表5-10中的下三角区域，此时则表现出向下转移趋势，区域发展趋于恶化；上三角区域则表示转移至更高状态水平，即向上转移，区域发展状态向好（郭海红等，2018）。

表5-10 马尔科夫转移概率矩阵

状态类型	状态Ⅰ：低水平	状态Ⅱ：中低水平	状态Ⅲ：中高水平	状态Ⅳ：高水平
状态Ⅰ：低水平	p_{11}	p_{12}	p_{13}	p_{14}
状态Ⅱ：中低水平	p_{21}	p_{22}	p_{23}	p_{24}
状态Ⅲ：中高水平	p_{31}	p_{32}	p_{33}	p_{34}
状态Ⅳ：高水平	p_{41}	p_{42}	p_{43}	p_{44}

注：主对角线位置表示未发生状态转换；上三角位置表征向上转移；下三角位置表征向下转移。

一般而言，转移概率具有时间不变性（何立华等，2015），第 $t+m$ 期的状态概率 $a(t+m)$ 满足 $a(t+m)=p^m a(t)$，可获得平稳状态概率分布，记为 $\pi=(\pi_1,\pi_2,\cdots,\pi_n)$。由下式可获得平稳状态概率矩阵 π：

$$\begin{cases}\pi_j=\sum_{i=1}^{n}\pi_i p_{ij},j=1,2,\cdots,n \\ \pi_j>0,\sum_{i=1}^{n}\pi_j=1\end{cases} \tag{5-11}$$

参照平稳状态的分布情况，可对我国海洋经济绿色增长效率的未来趋势予以研判。若平稳状态下 π 集中分布于高效率水平则表明我国海洋经济绿色增长效率将向高水平聚集，省际差距比较小，属于较理想状态；如果 π 集中于低效率水平则表明未来省际差距将趋于缩小，但是处于低水平的效率发展趋势不利于整体海洋经济绿色增长效率的提升，必须进行政策干预，助推海洋经济绿色增长效率变革；如果 π 的分布处于分散化状态，或不存在均衡状态，则表明在不改变现有发展模式下，我国海洋经济绿色增长效率省际差距将一直存在，区域效率“极化”现象将长期存在，必须促进区域间技术流动、要素流动，推动区域协调发展。

5.6.2 实证结果分析与讨论

本部分关注不同海洋经济绿色增长效率水平的地区分布的动态转移，利用马尔科夫链方法对海洋经济绿色增效率的动态转移特征予以描述，从而厘清区域内部效率水平的流转方向。本书参照邓晴晴和李二玲(2017)的研究，根据各效率水平的四分位水平确定各状态阈值，将研究期内各省(区、市)的海洋经济绿色增长效率水平划分为低水平、中低水平、中高水平以及高水平四个类型，其中，低水平区域的效率水平小于下四分位数，中低效率水平区域的效率水平介于下四分位数与中位数之间，以此类推，可获取各年份效率水平的状态分布，构造 4×4 维转移概率矩阵如表 5-11 所示。

表 5-11　我国海洋经济绿色增长效率转移概率

效率类型	水平类型	低水平	中低水平	中高水平	高水平
海洋经济绿色增长效率	低水平	0.8788	0.1212	0	0
	中低水平	0.0313	0.9375	0.0313	0
	中高水平	0	0.0588	0.8235	0.1176
	高水平	0	0	0.1212	0.8788
生产效率	低水平	0.9091	0.0909	0	0
	中低水平	0	0.9688	0.0313	0
	中高水平	0	0.0313	0.9375	0.0313
	高水平	0	0	0.0857	0.9143
环境治理效率	低水平	0.7879	0.1818	0.0303	0
	中低水平	0.1935	0.6774	0.0968	0.0323
	中高水平	0.0313	0.1875	0.6250	0.1563
	高水平	0	0.0278	0.2500	0.7222

由表 5-11 可知，我国海洋经济绿色增长效率的内部转移特征具有如下三个特点：

(1) 我国各省(区、市)海洋经济绿色增长效率的流动性相对较低

无论是对于海洋经济绿色增长效率，还是其分解的生产效率与环境治理效率，其主对角线位置的转移概率明显高于其他位置的转移概率。换言之，对于多数省(区、市)而言，尽管效率发生了改变，但其相较于其余省(区、市)的相对

效率水平大多是稳定的，未发生大规模的内部位置流转。以海洋经济绿色增长效率为例，研究期内，年初处于低效率水平的省(区、市)年末仍处于低效率水平状态的概率高达 87.88%，年初处于中低效率水平的省(区、市)有 93.75%的概率年末仍处于该状态区间，中高效率水平的省(区、市)不发生位置流动的概率为 82.35%。而对于高效率水平状态的省(区、市)，下一阶段仍为高效率水平的概率为 87.88%。也就是说，有超过 80%以上的省(区、市)海洋经济绿色增长效率会维持原有状态区间而未发生较为明显的内部流动。生产效率各状态水平不发生流转的概率甚至超过了 90%；尽管环境治理效率不发生转移的概率相对偏低，但也超过了 60%。

(2) 从转移方向来看，多数转移为邻域流转，跨越性流转发生概率较低

就海洋经济绿色增长效率而言，其低效率水平状态区域仅有 12.12%概率向中低效率水平状态区域转移；对于中低效率水平状态区域，向其相邻的低效率水平与中高效率水平转移的概率均为 3.13%。而对于中高状态效率区域，进一步向高效率水平状态流动的概率要高于低效率水平状态。对于海洋经济生产效率而言，存在状态转移的区域也仅仅是向其相邻状态的转移，而未发生跨越式流转。同时，无论是对于海洋经济绿色增长效率，还是生产效率，上三角矩阵位置的转移概率普遍大于下三角区域转移概率，也就是说，这种内部转移多是向好的。对于环境治理阶段而言，邻域流转与跨越式流转并存，但仍以邻域流转为主。以低效率水平区域而言，其向中低效率水平状态流动的概率为 18.18%，而向中高效率水平的跨越式流转的概率尽管存在，但也仅为 3.03%。也就是说，在海洋经济绿色增长过程发生的效率状态转移一般是渐进式提升，海洋经济增长不会一蹴而就，效率的改善也需要积累与转化，这一结论也佐证了魏巍贤(2009)的结论。相应地，为实现海洋经济绿色增长效率的优化提升，对海洋经济结构的调整与模式改变也需要根据现实阶段性推进，而非追求短期的快速提升。

(3) 从具体环节来看，环境治理效率比生产效率更容易发生状态转移

对于海洋经济生产效率而言，下一时期保持原有状态的概率均超过了 90%，特别是对于生产效率处于中低水平状态的省(区、市)地区，有超过 95.88%的概率在下一阶段仍处于中低水平状态。而对于环境治理效率，其状态转变概率显著高于生产效率。以环境治理效率低水平状态区域为例，下一阶段有超过 20%概率会发生状态改变；对于位于环境治理效率中高水平状态的省(区、市)而言，下一阶段转移至其他状态的概率达到了 37.50%。换言之，海洋经济生产效率的内部状态转移能力偏弱，不同地区由于历史分工与资源禀赋

的差异形成不同的海洋产业发展模式并逐渐固化锁定，产生路径依赖（李江龙和徐斌，2018），因此，各省（区、市）海洋经济生产效率的相对位置变动较为弱化。而对于海洋经济的环境治理效率而言，环境系统更容易受到外部因素的干扰，在特定情形下某些关键因子的微小改变都可能会由于链式反应的存在对海洋环境治理带来具体挑战（杨文进和柳杨青，2012）。特别是极端环境污染事件的出现，使得海洋经济的环境治理效率容易发生效率状态水平的突变。表 5-12 展示了我国海洋经济绿色增长效率以及生产效率与环境治理效率的初始状态分布与长期均衡演化下平稳状态的概率分布。

表 5-12　我国海洋经济绿色增长效率的初始状态与平稳状态

效率类型	状态类型	低水平	中低水平	中高水平	高水平
海洋经济绿色增长效率	初始状态	45.45%	0	27.27%	27.27%
	平稳状态	11.19%	43.39%	23.05%	22.37%
生产效率	初始状态	45.45%	9.09%	18.18%	27.27%
	平稳状态	0	42.29%	42.29%	15.42%
环境治理效率	初始状态	18.18%	18.18%	27.27%	36.36%
	平稳状态	31.89%	31.55%	21.06%	15.51%

就海洋经济绿色增长效率而言，初始状态下有 45.45%的省（区、市）处于低水平状态，而处于中高水平与高效率水平状态的省（区、市）均为 27.27%。换言之，初始状态下，有较多省（区、市）处于低效率水平区间。随时间推移，低效率水平状态的省（区、市）趋于减少，有超过 30%的低效率水平区间的省（区、市）将转移至更高的效率层级，平稳状态下仅为 11.19%的省（区、市）处于低效率水平状态。而在平稳状态下会有超过四成的省（区、市）聚集于中低效率水平状态，并长期保持稳定；同时，中高效率水平状态以及高效率水平状态的省（区、市）占比相较于初始状态则略有减少，分别为 23.05%和 22.37%。从各状态占比而言，并未出现明显的向高效率区域的靠拢，各状态区间均有分布。

就生产效率而言，在研究初期，处于低效率水平区间的省（区、市）最多，达到了 45.45%，高效率水平状态次之，而中间状态（即中低效率水平以及中高效率水平状态）省（区、市）占比相对较少。而随时间演进，在外部经济系统不发生较大改变的前提下，低效率水平状态省（区、市）基本消失，高效率水平状态省（区、市）也将略有减少，多数省（区、市）将向中低效率水平以及中高效率水平状态转移，两种状态合计占比达到 84.58%。

环境治理效率初始状态下，有超过六成的省(区、市)处于高效率水平状态以及中高效率水平状态，而低效率水平与中低效率水平状态的省(区、市)相对较少。但随着时间的推移，这种环境治理的高效率水平状态并未能够得以维持，平稳状态下，多数省(区、市)均聚集于低效率水平与中低效率水平，占比超过了63%，而高效率水平的区域仅为15.51%。海洋环境的治理难度将会有所放大，且各区域之间并无明显的收敛态势，区域差距有放大态势。环境治理效率的区域差异也是造成海洋经济绿色增长效率差异的主要原因。为实现海洋经济的高质量发展，推动海洋经济绿色增长，需要打破当前海洋环境治理效率低水平的稳定状态，缩小区域间的环境治理效率差距。

5.7 本章小结

本章重点关注海洋经济绿色增长过程中各个地区效率差异，并对其收敛特征与动态演进方向进行了研究。首先，关注区域差异的演变，对海洋经济绿色增长效率进行了 σ 收敛检验；其次，关注海洋经济增长过程中的不同省(区、市)中的“效率追赶”现象，对其进行绝对 β 收敛检验；再次，基于区域差异化视角，进行条件 β 收敛检验，探讨各省(区、市)是否趋向于各自稳态；而后，从系统化视角出发，利用核密度估计，确定海洋经济绿色增长效率的分布趋势与整体演进方向；最后，利用马尔科夫链对各省(区、市)海洋经济绿色增长效率的动态转移特征进行分析，进而完成对各省(区、市)的效率转移路径的研判。本书的主要结论有如下几点。

第一，σ 收敛检验结果显示，全国层面上海洋经济绿色增长效率与生产效率均呈现出整体收敛，兼具短时间发散特征，而环境治理效率的变异系数则具有发散特征。这表明我国海洋经济绿色增长效率与生产效率的区域差距呈现缩小态势，但存在一定的波动性，而环境治理效率的区域差距有所放大。区域层面上，不同海洋经济圈表现略有不同，北部海洋经济圈内部的海洋经济绿色增长效率与生产效率的区域差距不断变小，环境治理效率则波动性较强，东部海洋经济圈的海洋经济绿色增长效率与各阶段效率均呈现出发散特征，南部海洋经济圈效率差距则逐渐缩小。

第二，从绝对 β 收敛结果来看，我国海洋经济绿色增长效率存在收敛特征。就全国而言，海洋经济绿色增长效率及其分解的生产效率与环境治理效率的回归方程 β 值均为负数且显著，验证了“追赶效应”的存在性。环境治理效率的系数具有更大的绝对值，即环境治理效率追赶速度收敛速度高于生产效率，其相互影响效应更为突出。

第三，从条件 β 收敛结果来看，全国层面上，海洋经济绿色增长效率均满足条件 β 收敛特征，各沿海省（区、市）大多朝着其均衡状态发展，稳态的差异性在一定程度上是造成区域内部效率差异的重要原因。区域层面上，仅南部海洋经济圈海洋经济绿色增长效率具有收敛特征；北部海洋经济圈的海洋经济环境治理效率具有条件 β 收敛倾向；而东部海洋经济圈内部各效率均不满足条件 β 收敛。

第四，从分布趋势与整体演进方向来看，海洋经济绿色增长效率与生产效率的表现基本一致，研究期内主峰位置存在轻微左移，波峰高度呈现上涨趋势，且具有右侧拖尾特征。这表明海洋经济绿色增长效率与生产效率的效率水平，效率分布较为集中，区域差距处于可控状态；右侧次级主峰的出现表明存在“优者更优”的两极分化现象，部分省（区、市）效率优势逐渐凸显。此外，环境治理效率的主峰位置呈现先左移后右移趋势，且波峰高度呈现周期性涨落，表明环境治理效率易受到突发性污染事件的影响。

第五，从海洋经济绿色增长效率水平的内部转移方向来看，我国各省（区、市）的海洋经济绿色增长效率水平较为稳定，不易发生改变。多数省（区、市）效率水平转移多为邻域流转，跨越性的效率提升发生概率较低，且多数流转都是向好的；各省（区、市）的海洋经济生产效率水平的相对位置流动性较为弱化，而海洋经济环境治理效率转移性稍强，更易受到外部因素影响。

6 海洋经济绿色增长效率的影响因素分析

第5章从区域差异视角出发对海洋经济绿色增长效率差距及其演进趋势进行了分析,结果表明,我国海洋经济绿色增长过程中存在显著的区域性差距,如果不加以干预,其区域效率差距虽将有所减小,但仍会长期存在。这与我国协调发展的理念相矛盾。深入剖析造成这一矛盾的成因,是突破和优化我国海洋经济绿色增长效率提升的关键。因此,本书将深入挖掘影响海洋经济绿色增长效率的因素,并进一步细化这些因素对生产效率以及环境治理效率的差异性影响,为设计我国海洋经济绿色增长效率提升路径提供依据。

6.1 海洋经济绿色增长效率影响因素的理论假设

海洋经济绿色增长效率受到多种因素的影响,但受到数据可得性以及计量模型的限制,将所有因素全部纳入评价模型显然是不现实的。因此,本书将选取若干主要因素进行研究。根据1.3节的文献梳理,结合本书所给出的海洋经济绿色增长效率评价研究框架,笔者认为,海洋经济绿色增长效率受到其社会发展、要素利用方式、环境政策、技术发展、地理区位等多方面因素的影响。因此,本书选取海洋产业结构、清洁能源利用、城镇结构、海洋产业集聚、海洋环境规制、外商投资、技术创新几大关键因素来探讨其对我国海洋经济绿色增长效率以及生产效率以及环境治理效率的具体作用。

(1) 海洋产业结构

产业结构源于产业经济学中对于三大产业组成与各产业间比例关系的描述。配第—克拉克定理指出,随着区域经济不断演化,产业将倾向自有形生产向无形服务性产业转移,第一产业占比将趋于下降而第三产业占比则不断上升,故而一般以第三产业占比量化产业结构的变动(Yang等, 2018)。海洋产业结构是诸多海洋经济绿色增长效率影响因素普遍关注的重要因素(Wang

等，2019；宋强敏等，2019），因此，本书也将其纳入影响因素分析框架。

海洋产业结构对海洋经济绿色增长的影响源于“结构红利假说”。该假说认为，不同产业部门之间的增长效率具有显著差异，各种生产要素倾向于从低效率产业部门向高效率流转，从而推动了经济体系整体的效率提升（Brandt 等，2012）。“结构红利假说”表明，海洋产业结构的变动将有助于经济体内不同效率水平部门之间的协调，使得地区内生产效率与环境治理效率之间的效率差距更小。所以，海洋产业结构对海洋经济绿色增长效率的影响将更为突出。

因此，本书假定海洋经济产业结构对海洋经济绿色增长效率具有正向影响，但对生产效率与环境治理效率无明显作用。

（2）清洁能源利用

清洁能源是对传统化石能源的替代。长久以来，我国的能源消费以煤炭等不可再生的化石能源为主，传统能源的使用造成了海洋经济生产阶段污染的产生，同时给环境治理带来较大压力（邹才能等，2021）。已有研究表明，清洁能源利用对经济增长以及污染排放均具有重要影响（徐斌等，2019）。海洋中蕴含着丰富的海洋能源资源，包括海上风能、潮汐能、海流能、温差能等，兼具可再生性与无污染等特点，是当前海洋经济能源转型的重要方向。因此，本书将沿海地区清洁能源利用作为一个关键因素，来探讨其对海洋经济绿色增长效率的影响。清洁能源的开发与使用，在一定程度上可以对传统化石能源产生替代作用，优化要素配置，减少海洋经济生产过程中的环境污染，从而促进海洋经济绿色增长效率的提升。

因此，本书假定清洁能源利用对海洋经济的生产效率提升以及海洋经济绿色增长效率具有积极影响。

（3）城镇人口规模

城镇人口规模反映了我国经济发展过程中以社会化生产为代表的城市经济以及以小规模农业生产为核心的农村经济共存的经济体制结构（Zhang 等，2021）。已有研究表明，城镇化进程对经济绿色增长效率、资源利用效率等具有重要影响（翁异静等，2021；刘林杰和杨树，2022）。海洋经济作为国民经济的重要组成，在海洋经济绿色增长过程中，其效率变动亦会受到区域城镇人口规模变动的影响。城镇人口规模对海洋经济绿色增长效率的影响是多方面的，主要体现在以下两个方面。

一方面，城镇人口规模扩大会促进海洋经济绿色增长效率的提升。由二元经济结构理论（Lewis's Dual Economic Structure Theory）可以发现，城镇人口规模对海洋经济绿色增长效率的影响以农业部门剩余劳动力向非农部门流动为主要渠道，而以渔业为代表的农村经济的生产效率往往较低，通过劳动力的转移有助于实现海洋经济绿色增长效率的提升。城镇人口规模扩大表明城镇劳动力充足，这些劳动力可以为海洋经济发展提供高质量劳动力。

另一方面，城镇人口规模扩大会阻碍海洋经济绿色增长效率的提升，主要体现为以下三点：第一，城镇化劳动力转移人口红利的产生以劳动力技能改善为前提（何雄浪和全文军，2021），若劳动力转移过程中仅仅是户籍性质的改变，而并未有效实现对转移人口劳动力的合理配置，则可能无法通过城镇人口规模调整促使海洋经济绿色增长效率的提升。第二，城镇人口规模扩大，势必引发居民生活需求与基础设施的需求扩张，带动建筑等高耗能产业发展，导致非期望产出的产生，给海洋经济环境治理带来压力。第三，城镇人口规模扩大会增加用地需要，在过去的一段时间里，部分沿海地区曾以围填海等方式拓展城市用地面积（宫萌等，2019），是对海洋生态系统的巨大破坏，影响海洋环境治理成效。

因此，本书假定城镇人口规模对于海洋经济绿色增长效率、生产效率以及环境治理效率的影响均具有不确定性。

（4）海洋产业集聚

海洋产业集聚对海洋经济生产效率与环境治理效率的影响存在一定的差别，故分别对其进行分析。

① 海洋产业集聚对生产效率的作用机制分析

海洋产业集聚对海洋经济生产效率的影响，是聚集效应与拥挤效应角逐的结果（图 6-1）。

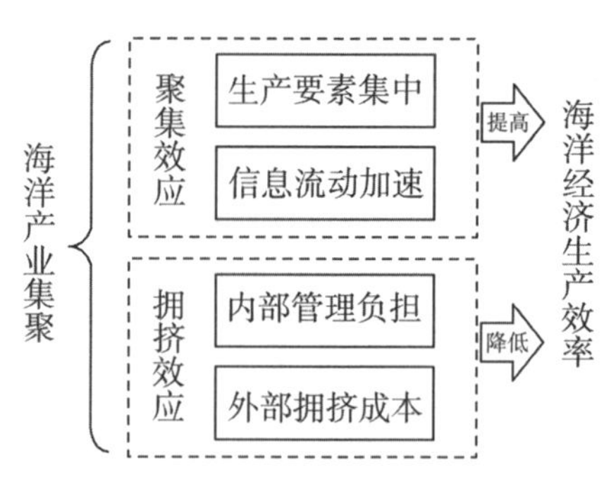

图 6-1 海洋产业集聚对海洋经济生产效率的作用机制图

一方面，海洋产业集聚能够产生聚集效应。海洋产业集聚有助于劳动、资源等生产要素集中，形成共享市场，从而减少搜寻成本，提高效率。集聚可以产生规模效应，加速信息流动，催生新技术产生（Wang 等，2020），从而对海洋经济绿色增长效率产生积极影响。

另一方面，随着规模的扩大，可能导致规模不经济。从企业内部来看，过大规模可能会给管理层的管理带来负担；从企业外部来看，无效的集聚一定程度上容易造成无效竞争以及交通拥堵，造成成本的增加，即产生拥挤效应（史梦昱等，2021），进而导致海洋经济生产低效率。

因此，本书假定海洋产业集聚对于海洋经济生产效率的影响具有不确定性。

② 海洋产业集聚对海洋经济环境治理效率的作用机制分析

海洋产业集聚对海洋经济环境治理效率的影响主要体现在以下两点：第一，从污染物收集成本来看，海洋产业集聚更有利于污染物的收集与集中处理（关海玲等，2021）。与分散处理相比，集中处理的单位污染物的处理成本更低。第二，海洋产业集聚更容易发挥集聚效应，建立更大的污染处理设施，获得更好的污染处理效果。以上作用使得海洋产业集聚能够有效推动海洋经济环境治理效率的提升。

因此，本书假定海洋产业集聚对海洋经济环境治理效率具有正向影响。

海洋产业集聚对海洋经济生产效率与环境治理效率的影响存在差别，因此，本书假定海洋产业集聚对海洋经济绿色增长效率的影响具有不确定性。

(5) 海洋环境规制

所谓环境规制，即对排污性个体或组织以有形制度、无形意识等形式形成约束以降低生产、生活的环境影响。近年来，环境规制的政策手段逐渐呈现多元化方向发展，根据对于排污主体约束方式的差异包括命令控制型环境规制、市场激励型环境规制等形式。其中，命令控制型环境规制以政府强制性环境政策为主，以排污标准等行政命令等对企业进行强制性约束。市场激励型环境规制利用市场化机制将环境污染外部性内化于企业成本，以市场机制引导企业生产行为，包括排污收费以及许可证交易等形式。命令控制型海洋经济环境规制工具主要包括伏季休渔制度、许可证配额、水污染防治法、生态红线等。而市场激励型海洋经济环境规制工具则包括海域确权交易与海域使用金、排污收费、渔业补贴等形式（Chen 和 Qian，2020）。

① 环境规制对海洋经济生产效率的作用机制分析

环境规制对于海洋经济生产效率的影响是多方面的（图 6-2）。

第一，在环境规制政策影响下企业面临“规制成本损失”。在政府的环境规制政策下，企业大多需要进行清洁设备购置与相关基础设施建设，以满足污染排放要求，企业的运营成本会有所增加。这种成本增加在一定程度上会挤占原有的生产性资本投资(Chen 和 Qian, 2020),造成海洋经济生产效率的损失。

第二,环境规制推动企业创新,带来“创新收益补偿”。环境规制会促使污染性企业进行清洁技术的研发创新,技术创新带来的新增收益可使得企业生产更为有效,从而使企业生产效率得以提升(Zhao 等, 2022)。

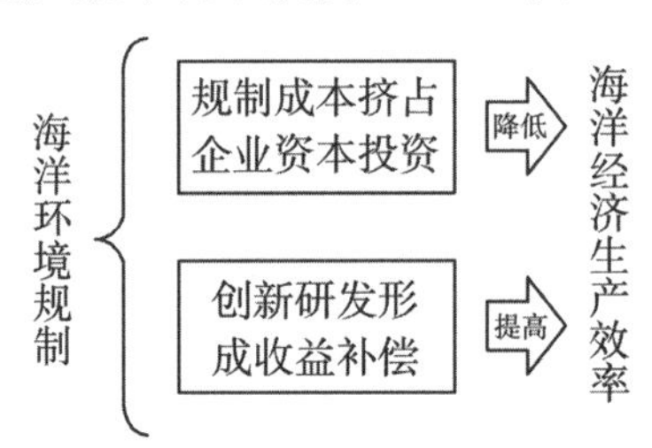

图 6-2 环境规制对海洋经济绿色增长效率的作用机制图

因此,本书假定命令控制型环境规制与经济激励型环境规制对海洋经济生产效率的影响均具有不确定性。

② 环境规制对海洋经济环境治理效率的作用机制分析

命令控制型环境规制与经济激励型环境规制管理手段的差异,对海洋经济环境治理效率的影响略有差别。

第一,命令控制型环境规制对环境治理效率的影响。命令控制型环境规制以强制性行政命令设置排放标准,这种标准会对环境治理企业形成较强约束(官永彬和李玥,2021)。环境治理企业可能需要更高的环境治理设备与技术,这也会加重污染治理企业的成本,不利于环境治理效率的提升。

第二,经济激励型环境规制以配额、补贴、污染税等形式直接作用于海洋经济生产企业,而环境治理阶段多起到一种承接作用。因此,这一类型的环境规制对海洋经济环境治理效率的影响可能相对有限。

因此,本书假定,命令控制型环境规制可能会不利于海洋经济环境规制效率的提升;经济激励型环境规制对海洋经济环境治理效率比较有限,可基本忽略。

综合以上环境规制对生产效率与环境治理效率的差异性影响,本书假定海洋环境规制对海洋经济绿色增长效率的作用具有不确定性。

(6) 技术创新

技术创新对海洋经济绿色增长效率的影响可以通过提高生产技术水平与环境治理技术水平得以实现。一方面,以提升生产性技术为重点的技术创新,如新材料、新工艺的研发与涌现可对原有生产过程予以革新,在同样的经济产出下,可减少对于海洋资源的消耗与使用,降低对于环境的污染,从而有效提高海洋经济生产效率(盖美和展亚荣,2019)。另一方面,以生物多样性维持、海陆环境改善、水土保持等在内的海洋生态修复与环境治理技术等的发展有效提升了海洋经济环境治理水平,有助于海洋经济环境治理效率的提升。

因此,本书假定技术创新对海洋经济绿色增长效率及其分解的生产效率以及环境治理效率均具有积极影响。

(7) 外商投资

外商投资对于海洋经济绿色增长效率的影响大致可以归纳为以下两个方面。

一是技术溢出。外商投资企业往往具有较高的生产技术水平与环保技术标准,以维持企业竞争优势。在市场竞争过程中,外资企业引进的先进生产技术、环保标准与管理模式等将对周边企业产生示范作用,从而带动区域海洋经济绿色增长效率的改善(Morita 和 Nguyen,2021)。外商投资是我国技术引进的重要途径(陈晓东,2019)。在我国,过半的技术引进经费来自外商投资。同时,从产业关联角度来看,为与外资企业的生产标准相配套,上游企业将以更高的环境标准与技术准则进行生产,下游企业则可进一步将这种绿色生产行为进行进一步辐射,从而带动整个产业链的绿色生产,进而提升效率水平。

二是污染扩散。外商投资若以劳动密集型、资源密集型企业为主,尽管存在部分技术红利,但相对有限,且对海洋资源以及环境均具有负面影响,从而对地区海洋经济的生产与环境治理效率产生抑制作用(Marques 和 Caetano 2021)。为防止高污染企业的进入,我国设置了《鼓励外商投资产业目录》《禁止外商投资的产业目录》,很大程度上避免了外商投资对海洋经济绿色增长效率的影响。

因此,本书假定外商投资对于海洋经济绿色增效率及其生产效率与环境治理效率提升具有促进效应。

6.2 变量与数据说明

6.2.1 指标选取

(1) 海洋产业结构

海洋产业结构一般以海洋第二产业或第三产业占比(冯友建和杨蕴真,2017)或渔业总产值占比(邹玮等,2017)等衡量。李志伟(2020)指出海洋第三产业的发展更能反映海洋产业的先进程度。综上,本书选用海洋第三产业在GOP中的比重予以衡量,并记为 IS。

(2) 清洁能源利用

在海洋经济的清洁能源利用方面，以风能利用、潮流能开发为代表的海洋可再生能源利用已成为当前改善我国能源结构、填补能源需求缺口、减少环境污染的重要举措。以风能发电为代表的海洋新能源产业已成为地区海洋经济资源集约利用度的重要衡量(王泽宇等，2016)，表征了区域海洋经济能源利用的清洁程度。海洋经济绿色增长更关注于经济发展的可持续，故而本书将清洁能源利用作为主要影响因素之一，来探讨其对海洋经济绿色增长效率的影响。从指标可得性出发，本书选取沿海地区风能年发电能力作为海洋经济能源转型的衡量，记为 ET。风电发电量越多，则该地区清洁能源的利用越高。

(3) 城镇人口规模

对于城镇人口规模的衡量，一般采用城镇化率即区域城镇人口占比(闫星等，2022)，本书沿用这一计算方式，记为 UR。

(4) 海洋产业聚集

海洋产业聚集以海洋区位熵(Location Quotient)表示，即海洋经济专门化率，表征了地区海洋经济的专业化程度与聚集水平(倪进峰和李华，2017)，用 LQ 表示。对于区域 i 而言，其在 t 期的区位熵 LQ_{it} 可由下式表示：

$$LQ_{it}=\frac{GOP_{it}/GOP_{t}}{GDP_{it}/GDP_{t}} \tag{6-1}$$

式中，GOP_{it} 代表了区域 i 在 t 期海洋生产总值，GDP_{it} 则为该地区的国民经济总产值，GOP_{t} 和 GDP_{t} 则分别为同期沿海地区海洋经济总产值以及国民生产总值。当 LQ_{it} 大于 1 时，则表征区域 i 在 t 期的海洋经济专业化程度高于全国平均水平，该区域海洋经济部门在全国具有集聚优势。

(5) 环境规制

① 命令控制型环境规制

命令控制型环境规制的衡量目前尚未形成统一标准，主要采用区域环境规制法规数目、经济发展水平(陆旸，2009)、单一污染物排放量或多种污染物融合形成污染物排放综合指数(宋晓娜和薛惠锋，2022)以及污染治理强度(钱薇雯和陈璇，2019)等指标量化。就地区环境规制法规数目这一指标来看，研究期内各沿海地区的环境规制政策数目并未发生较大的变化，且环境规制很大程度上受到政策执行效果的影响。因此，环境法规数目无法全面衡量区域环境规制强度。就区域发展水平这一替代指标来看，尽管经济发展程度会对环境治理认知产生影响，但二者并不等价。就污染物排放的指标来看，污染物排放量更多描述的是海洋经济的污染程度。而海洋经济环境治理强度更能体现出区域在一定的政策制度下，地区为保证污染物排放达标所付出的成本。因此，用海洋经济环境治理投资占地区海洋生产总值的比例衡量海洋经济的环境规制强度，并记为 *CER*。

② 市场激励型环境规制

市场激励型海洋环境规制通过市场化行为传递信号，对企业行为产生影响从而减少污染。在海洋经济领域，海域确权管理被视为一种较为典型的市场激励型环境规制工具（杨林和温馨，2021）。本书参考张懿和纪建悦（2022）的研究，以单位确权海域征收海域使用金量化区域经济激励型环境规制强度，并记为 *MER*。

(6) 技术创新

对于技术创新的衡量，学者们从技术研发投入、产出等多角度进行了探讨，主要包括 R&D 内部经费支出、专利申请数、科研人员数目等指标（张国兴等，2021）。从数据可得性等方面出发，笔者认为，R&D 项目经费表征了一国经济体内部的科研投入程度，充足的科研经费支持是海洋科技创新的基础，故而参考谢靖和廖涵（2017）的研究，采用海洋经济 R&D 经费占 GOP 的比重予以量化，并记为 *RD*。

(7) 外商投资

对于外商投资的量化，本书仿照已有研究（孙冬营等，2021），采用沿海地区外商直接投资占地区生产总值的比例予以衡量，并记为 *FDI*。

6.2.2 数据来源

本书以我国海洋经济为研究对象，研究期为 2006—2018 年，其所涉及的影响因素指标与数据主要源于 2007—2019 年的《中国海洋统计年鉴》《中国统计年鉴》《中国环境统计年鉴》、国家统计局①等。

表 6-1 中国海洋经济绿色增长效率影响因素指标说明

影响因素	指标名称	指标代码	数据说明
海洋产业结构	海洋第三产业占比	*IS*	来源于《中国海洋统计年鉴》
清洁能源利用	沿海风电发电能力	*ET*	来源于《中国统计年鉴》
城镇人口规模	城镇化率	*UR*	来源于《中国统计年鉴》
海洋产业聚集	海洋区位熵	*LQ*	根据计算所得

①http://https--data--stats--gov--cn.proxy.www.stats.gov.cn/

续表

影响因素	指标名称	指标代码	数据说明
命令控制型环境规制	海洋环境治理强度	*CER*	海洋经济环境治理投资占地区海洋生产总值比例
市场激励型环境规制	单位确权海域征收海域使用金	*MER*	来源于《中国海洋统计年鉴》
技术创新	R&D 支出强度	*RD*	海洋经济 R&D 经费支出占比
外商投资	外商投资强度	*FDI*	沿海地区外商直接投资占比

2006—2018 年，我国 11 个沿海省（区、市）的海洋经济绿色增长效率影响因素分析各指标的描述性统计结果如表 6-2 所示。

表 6-2　2006—2018 年海洋经济绿色增长效率影响因素的描述性统计

指标	均值	标准差	最小值	最大值	中位数	计数
E	0.4981	0.1424	0.2390	0.8422	0.5065	143
E_1	0.5138	0.1672	0.2015	0.9927	0.5338	143
E_2	0.5378	0.1573	0.1773	0.9906	0.5393	143
IS	0.4990	0.0804	0.3130	0.6727	0.5001	143
ET	95.0800	140.8000	0.2500	628.6900	30.5000	143
UR	0.6168	0.1366	0.3464	0.8960	0.6077	143
LQ	1.1600	0.6112	0.3528	2.7082	1.1092	143
CER	0.2358	0.3695	0.0001	1.7363	0.0609	143
MER	17.2400	27.4900	146.7900	0.1010	5.1171	143
RD	0.0961	0.1332	0.0033	0.5294	0.0295	143
FDI	0.1115	0.1007	0.0212	0.7626	0.0946	143

6.3　海洋经济绿色增长效率影响因素的实证检验

6.3.1　模型构建

为系统探究海洋产业结构、清洁能源利用、城镇人口规模、海洋产业聚集、命令控制型环境规制、市场激励型环境规制、技术创新以及外商投资对海洋经济绿色增长效率的影响，本书建立如下计量回归模型。

$$E_{1it}=\alpha+\beta_1 IS_{it}+\beta_2 ET_{it}+\beta_3 UR_{it}+\beta_4 LQ_{it}+\beta_5 CER_{it}+\beta_6 MER_{it}$$
$$+\beta_7 MER_{it}^2+\beta_8 RD_{it}+\beta_9 EDI_{it}+\mu_{it}+\varepsilon_{it} \tag{6-2}$$
$$E_{2it}=\alpha+\beta_1 IS_{it}+\beta_2 ET_{it}+\beta_3 UR_{it}+\beta_4 LQ_{it}+\beta_5 CER_{it}+\beta_6 MER_{it}$$
$$+\beta_7 MER_{it}^2+\beta_8 RD_{it}+\beta_9 EDI_{it}+\mu_{it}+\varepsilon_{it} \tag{6-3}$$
$$E_{it}=\alpha+\beta_1 IS_{it}+\beta_2 ET_{it}+\beta_3 UR_{it}+\beta_4 LQ_{it}+\beta_5 CER_{it}+\beta_6 MER_{it}$$
$$+\beta_7 MER_{it}^2+\beta_8 RD_{it}+\beta_9 EDI_{it}+\mu_{it}+\varepsilon_{it} \tag{6-4}$$

式中，E_{it} 表征区域 i 在第 t 期的海洋经济绿色增长效率，E_{1it} 和 E_{2it} 分别代表生产效率与环境治理效率，μ_{it} 用以控制区域差异，衡量了个体异质性，ε_{it} 为随意误差项。

6.3.2 海洋经济生产效率影响因素实证结果分析

利用 Stata12 软件对我国海洋经济生产效率的影响因素进行面板回归，Hausman 检验结果表明，Hausman 统计量为 12.62，对应 p 值为 0.0819，故对于海洋经济生产效率的影响因素分析采用随机效应模型进行估计。模型的 F 检验表明，在 1%的显著性水平下通过了检验，整体拟合程度较好。回归结果详见表 6-3。

整体来看，海洋经济生产效率主要受到清洁能源利用、城镇人口规模、命令控制型环境规制、市场激励型环境规制以及外商投资的影响，而海洋产业结构、海洋产业集聚以及技术创新对其影响现阶段并不显著。现就各变量的影响进行具体分析。

(1) 海洋产业结构

产业结构对海洋经济生产效率的影响并未通过显著性检验。这表明当前我国海洋经济的产业模式并不能很好地助推我国海洋经济生产效率的提升。在我国海洋产业结构调整过程中，服务化转型中在带动海洋经济增长的同时，也带动了如海洋交通运输业高污染行业发展。以 2020 年为例，全国海洋经济第三产业占比已经达到了 61.7%，形成了“三二一”的海洋产业格局，海洋经济逐步实现由“资源型”向“服务型”的过渡。但是从第三产业的内部结构来看，海洋交通运输业与滨海旅游业等传统服务业则占据了较大比重，高达 40%左右①，这些产业在发展过程中仍会对环境产生影响。2021 年国务院发布的《2030 年前碳达峰行动方案》也将交通运输绿色低碳行动作为“碳达峰十大行动”之一。而滨海旅游在开发运营过程中也会产生水体污染，是海洋塑料垃圾

---

①数据源于自然资源部海洋战略规划与经济司《2020 年中国海洋经济统计公报》。

的主要来源(Garcés-Ordóñez 等，2020)，滨海资源的无序、过度开发也会对地区海洋生态系统产生严重影响。因此，亟须对海洋第三产业内部的产业结构进行优化调整，推动海洋第三产业的绿色化发展。

(2) 清洁能源利用

清洁能源利用对海洋经济生产效率的影响为正，系数为 0.0004，且在 1%的显著性水平下通过了检验，与预期结果相符。这一结果说明，可再生清洁海洋资源的开发与使用对海洋经济生产效率具有积极的作用，能够使得海洋经济的生产环节更为清洁，从而对海洋经济的可持续发展产生积极影响。清洁能源作为传统化石能源的替代，可以有效避免化石能源使用造成的污染问题，减少海洋经济生产环节的非期望产出，最终对海洋经济生产效率产生推动作用。《“十四五”现代能源体系规划》中也将加快风、电等清洁能源发展作为一项重要目标，这一举措也更有利于清洁能源利用推动海洋经济绿色增长效率的提升。

(3) 城镇人口规模

城镇人口规模对海洋经济生产效率的影响为负，系数为－0.3969，且在 1%的显著性水平下通过了检验。这一结果表明，现阶段城镇人口规模未能够有效提升地区海洋经济生产效率。城镇人口规模每提升 1 个百分点，海洋经济生产效率则会下降 0.0040。劳动力向非农部门的转移并未带来较明显的劳动力质量提升。相对地，城镇化引发的居民生活需求与基础设施需求的增加在一定程度上会导致非期望产出的增加，造成了海洋经济生产效率的损失。未来应更加注重对转移劳动力的合理配置，使之更好地服务海洋经济生产效率的提升。

(4) 海洋产业集聚

海洋产业集聚对海洋经济生产效率的影响为负，但并不显著。这一结果表明，产业集聚并未能有效发挥其规模聚集效应，反而导致了规模不经济。这一结果的产生可能与当前我国海洋产业同质化有关。在过去的一段时间里，许多地区的海洋经济发展方式略显粗放，出现了港口规模急速扩张与临港产业园重复布局等问题。尽管海洋产业的规模得以扩大，但无效竞争引发的规模不经济造成了对海洋经济生产效率的严重损害。当前我国正通过港口整合、特色海洋产业园区建设等方式打破海洋产业同质困局，这也有助于发挥产业集聚的规模效应，从而真正发挥海洋产业集聚的效能。

(5) 环境规制

命令控制型环境规制与市场激励型的环境规制均对海洋经济生产效率具有显著影响，但二者的影响具有较大差别。其中，命令控制型环境规制对生产效率的影响显著为正，系数为 0.0005。也就是说，对于生产性企业而言，政府强制性的行政命令会倒逼污染企业进行绿色技术革新，尽管会在一定程度上抬升企业生产成本，但是总体而言，企业绿色生产行为带来的经济福利大于其成本的上涨，从而促进生产效率提升。但市场激励型的环境规制对生产效率的影响则为负的，系数为−7.92E−0.7，在 1%的显著性水平下通过检验。这表明，当市场激励型环境规制成本过高时，会在一定程度上造成海洋经济绿色增长效率的降低。市场激励型环境规制对海洋经济生产效率的影响以规制成本损失为主。

(6) 技术创新

技术创新对海洋经济生产效率的影响为正，但现阶段并未通过显著性检验。这一结果表明，我国海洋经济发展仍有待于进一步发展，与海洋经济生产相关的技术创新有待于加强。由于海洋技术开发需要一定的周期性，从技术研发到成果转化也需要较长的时间，这些原因的存在都会造成海洋技术创新现阶段并未产生较为显著的影响。

(7) 外商投资

外商投资对海洋经济生产效率的提升具有积极的正向作用，回归系数为 0.1960，且在 1%的显著性水平下通过检验。一方面，外资企业在海洋经济生产过程中，给我国海洋经济生产带来了先进的生产技术，通过上、下游间的产业关联与行业示范，形成技术扩散，带动了清洁生产技术的发展，从而使得生产效率得以提升，这与崔兴华和林明裕(2019)的结论相一致。另一方面，外商新技术引进的同时，也会对同行业形成竞争效应，激发国内企业的技术创新。这两种作用的叠加确保了外商投资对海洋经济生产效率提升起到了较为积极的正向作用。

6.3.3 海洋经济环境治理效率影响因素实证结果分析

利用 Stata12 软件对我国海洋经济环境治理效率的影响因素进行面板回归，Hausman 检验结果表明，p 值为 0.0118，故拒绝随机效应原假设，借助固定效应模型进行模型估计。模型的 F 检验表明，在 1%的显著性水平下通过了检验，整体拟合程度较好。回归结果见表 6-3。

表 6-3 中国海洋经济绿色增长效率影响因素回归结果

模型	模型 1:被解释变量 E_1	模型 2:被解释变量 E_2	模型 3:被解释变量 E
IS	0.1476 (0.39)	−0.1826 (0.80)	0.1817** (2.10)
ET	0.0004*** (6.05)	−0.0001 (−0.75)	0.0004*** (6.53)
UR	−0.3969*** (−2.69)	−1.1043*** (−3.34)	−0.6632*** (−5.31)
LQ	−0.0390 (−1.16)	0.1766** (2.32)	−0.0130 (−0.45)
CER	0.0005** (2.42)	−0.0011** (−2.58)	−0.0002 (1.38)
MER	−7.92E−07*** (−3.07)	−3.15E−07 (−0.57)	−7.19E−07*** (−3.45)
RD	0.0165 (0.49)	0.3174*** (4.48)	0.0794*** (2.96)
FDI	0.1960*** (3.54)	0.3971*** (3.40)	0.2506*** (2.68)
常数项	0.6797*** (7.76)	0.8842*** (5.16)	0.7759*** (11.97)
F	10.26***	11.27***	12.24***
R^2	0.3500	0.4210	0.4412

注:* 为 10%的显著性水平;** 为 5%的显著性水平;*** 为 1%的显著性水平;(括号内数字为 t 统计量)。

整体来看,海洋经济环境治理效率主要受到城镇人口规模、海洋产业集聚、命令控制型环境规制、技术创新与外商投资的影响,而海洋产业结构、清洁能源利用以及市场激励型环境规制的影响在现阶段并不显著。

(1) 海洋产业结构

海洋产业对海洋环境治理效率的影响为负,但并不显著。这一结果表明,以第三产业占比衡量的海洋产业结构并未对海洋经济环境治理效率产生较为积极的影响。伴随海洋经济由“资源型”向“服务型”的过渡，第三产业占比逐渐增加，但这种发展并不能有效提升产业内部的均衡发展。海洋交通运输业与滨海旅游业等传统服务业的发展给环境治理带来的压力不容忽视。

(2) 清洁能源利用

清洁能源利用对海洋经济环境治理的影响并不显著。清洁能源的利用主要是对生产方式的改变，而对环境治理行为并未产生较强的影响。同时，由于现阶段清洁能源的利用规模还相对有限，通过清洁能源的使用降低环境污染，短时间内无法发挥进一步减轻环境治理压力的联动作用。

(3) 城镇人口规模

城镇人口规模对海洋经济环境治理效率的影响为负，系数为－1.1043，且在1%的显著性水平下通过了检验。城镇人口规模对生产效率与环境治理效率的影响基本一致，但对环境治理效率的影响更为强烈，其系数约为生产效率的2.78倍。过快城镇化会对生态环境产业较大影响，人口大量聚集产生的污染掩盖了劳动力质量提升的正向影响(胡雪萍和李丹青，2016)。同时，城镇化过程将会需要更多的土地资源，填海造陆等使得近年来我国沿海湿地面积大幅减少(李婧贤等，2019)，故而对海洋环境治理带来巨大压力。上述因素的共同影响导致了城镇人口规模对环境治理效率的负向影响。

(4) 海洋产业集聚

海洋产业集聚对海洋环境治理效率的影响为0.1766，且在5%的显著性水平下通过检验。这一结果表明，海洋产业规模越大，越有利于海洋环境治理效率的提升。海洋产业越集中，越有利于污染的集中处理，集中式的污染处理更有利于降低污染的治理成本，提高环节治理效率。同时，当企业较为分散时，污染的收集与运输也相对困难，往往采用较为简单的污染处理措施，而这往往并不能达到较好的环境治理结果(豆建民和张可，2015)。因此，海洋产业聚集程度越高，海洋环境治理效率越好。

(5) 海洋环境规制

命令控制型环境规制与市场激励型环境规制对海洋经济环境治理效率的影响系数均为负数，但市场激励型环境规制并未通过显著性检验。这表明，过高的环境规制会加重环境治理企业的治理负担，同时对环保技术具有更高的要求，造成环境治理成本的增加。从系数大小来看，命令控制型环境规制的影响系数远远大于市场激励型的环境规制。事实上，当前我国海洋经济环境治理的工具仍是以命令控制型环境规制工具为主，以海域确权为主要方式的市场激励型环境规制工具的发展并不完善。尽管我国业已出台海域使用权管理的相关法规以及海域使用金征收管理办法等，但当前我国海域使用权交易成交规模有限，98%的市场化交易以传统渔业用海为主，且不同省（区、市）间的海域使用权交易标准并不一致（黄凌翔等，2021），限制了海域确权管理这种市场激励型环境规制工具作用的发挥。因此，我国有待于进一步推进海洋使用权市场化改革，促进海洋经济绿色发展。

（6）技术创新

技术创新对海洋经济环境治理效率的回归系数为 0.3174，且通过 1%的显著性检验。这表明，海洋科研投入力度每提升 1%，则相应的环境治理效率可以提升 0.3174%。随着海洋生态文明建设的实施，海洋经济环境污染处理相关的技术研发大量涌现。国内自主研发强度的增加可以很大程度上提升环境治理企业的海洋环境治理效果，这与王鹏等（2014）的研究结论基本一致。此外，从参与主体而言，海洋经济生产行为主要由企业与个人，而环境治理往往存在更多的政府参与。这种政府参与性也使得对于环保技术的研发更具针对性与有效性，从而使得技术创新能更好地发挥其对海洋经济环境治理效率的促进作用。

（7）外商投资

外商投资对海洋经济环境治理阶段效率的提升均具有显著正向影响，回归系数为 0.3971，这一作用约为对生产效率作用的 2 倍。一方面，外商投资能够为本地环境治理提供更多的资本与成熟的环境治理技术（徐志雄等，2021）；另一方面，外资企业对生产阶段的正向影响使得地区的海洋经济环境负担有所减少。这两种作用的叠加影响，确保了外商投资对海洋经济环境治理效率的正向作用。但同时，在外资引入的过程中，仍需要注意外资的质量与结构，避免对国外技术的过分依赖，同时防范高污染高耗能企业的引入。

6.3.4 海洋经济绿色增长效率影响因素实证结果分析

利用 Stata12 软件对我国海洋经济绿色增长效率的影响因素进行面板回归，Hausman 检验结果表明，Hausman 统计量为 24.63，对应 p 值为 0.0009，故拒绝随机效应原假设，借助固定效应模型进行模型估计。模型的 F 检验表明，在 1%的显著性水平下通过了检验，整体拟合程度较好。回归结果见表 6-3。

从海洋经济绿色增长效率的影响来看，其受到海洋产业结构、清洁能源利用、城镇人口规模、市场激励型环境规制、技术创新以及外商投资的影响较为显著，而海洋产业集聚以及命令控制型环境规制的回归系数暂不显著。现就各因素进行具体分析。

(1) 海洋产业结构

海洋产业结构对海洋经济绿色增长效率的回归系数为0.1817,在5%的显著性水平下通过检验。第三产业所占比例每提升1%,相应的海洋经济绿色增长效率能够提升0.1817%。尽管海洋产业结构对生产效率与环境治理效率的影响并不显著,但对海洋经济绿色增长效率具有一定的显著影响特征。这表明,海洋产业结构更有助于调整海洋产业生产与环境治理不同阶段之间的关系,从更为宏观的角度对海洋经济系统发生作用。但是,未来仍应注意对海洋经济产业内部的优化与调整,使其更好地服务于海洋经济绿色增长效率的提升。

(2) 清洁能源利用

清洁能源利用对海洋经济绿色增长效率的回归系数为0.0004,且在1%的显著性水平下通过检验。通过模型对比发现,清洁能源利用对海洋经济绿色增长效率的这一影响与对生产效率的作用结果基本一致。以沿海风能等为代表的清洁能源利用能够有效替代传统化石能源的使用,能够有效推进海洋经济生产的清洁化,不会对环境造成较大的负担。由于目前清洁能源利用程度还相对有限,故而对海洋环境治理效率暂未产生较为显著的影响。

(3) 城镇人口规模

城镇人口规模对海洋经济绿色增长效率具有显著的负向影响,回归系数为−0.6632。将这一结果与生产效率和环境治理效率进行对比发现,城镇人口规模对海洋经济绿色增长效率的影响是生产效率与环境治理效率的融合。城镇人口规模的加深衍生出了更多的海洋产品、基础设施以及用地需求等,这既加重了海洋经济的产出负担,又对沿海生态环境产生了影响。这些消极影响掩盖了城镇人口规模劳动力素质改变的积极影响,故而使得城镇人口规模产生对海洋经济绿色增长效率及其分解的生产效率与环境治理效率的负面影响。未来城镇化过程应更注重城镇化进程中的承载力问题,以新型城镇化避免对海洋经济绿色增长效率的消极影响。

(4) 海洋经济产业集聚

海洋经济产业集聚对海洋经济绿色增长效率的影响并不显著。尽管海洋产业集聚更有助于污染的集中处理,降低单位污染的处理成本,从而提升海洋经济的环境治理效率。但是,从整体来看,海洋产业集聚的污染处理优势被同质化产业规模扩张导致无效竞争被掩盖,从而导致对海洋经济绿色增长效率的影响不显著。这也表明,优化海洋产业布局、发展特色海洋产业对提高海洋经济绿色增长效率具有重要作用。

(5) 命令控制型环境规制

命令控制型环境规制对海洋经济绿色增长效率的影响并不显著。这一结果可能与其对生产效率与环境治理效率的差异性作用有关。命令控制型环境规制对生产效率影响为正,生产企业的创新补偿效应明显高于规制成本损失。但对环境治理效率影响则为负,较高的环境规制会对污染治理企业产生较大的污染处理负担与较高的技术要求,在一定程度上损害了环境治理效率。命令控制型环境规制对生产效率与环境治理效率的差异性影响导致了在海洋经济绿色增长效率层面上正负作用效果的抵消,故而表现出不显著的回归结果。

(6) 市场激励型环境规制

市场激励型环境规制对海洋经济绿色增长效率的影响显著为负,回归系数为－7.19E－07,在1%的显著性水平下通过检验。市场激励型环境规制对海洋经济绿色增长效率影响与对生产效率的回归系数基本一致,而对环境治理效率影响并不显著。这表明,市场激励型环境规制主要作用于生产阶段,当市场激励型环境规制过高时,可能会使企业丧失生产热情,不利于效率的提升。目前在海洋经济领域市场激励型环境规制尚处于探索阶段,后续海域使用权交易等政策有待于进一步完善,使其更好地服务于海洋经济发展。

(7) 技术创新

技术创新对海洋经济绿色增长效率为正,回归系数为0.0794,在1%的显著性水平下通过检验。将这一结果与生产效率以及环境治理效率进行对比,可以发现,技术创新在推进海洋经济绿色增长效率提升过程中,主要对环境治理效率发生作用,以环境治理技术的研发与成果转化的效果较为突出。尽管其对生产效率的影响也为正,但目前并不显著。

(8) 外商投资

外商投资对海洋经济绿色增长效率回归系数为0.2506,在1%的显著性水平下通过检验。外商投资对生产效率与环境治理效率均具有显著的正向影响,因此,在两种正向影响的组合影响下,对海洋经济绿色增长效率也表现出显著的正向作用。外商直接投资对我国海洋经济绿色增长效率的技术溢出效应要显著大于污染扩散效应。

6.4 本章小结

本章系统考察海洋产业结构、清洁能源利用、城镇人口规模、海洋产业聚集、环境规制、技术创新以及外商投资对海洋经济绿色增长效率的影响,并进一步将这些因素对海洋经济生产效率和环境治理效率的作用进行了精细化分析。主要结论如下。

第一，海洋产业结构对海洋经济绿色增长效率在5%的显著性水平下通过检验且系数为正，第三产业占比提升可在一定程度上有助于我国海洋经济绿色增长效率水平的改善。但其对生产效率与环境治理效率的影响并不显著。

第二，清洁能源利用对海洋经济绿色增长效率与生产效率的影响均显著为正，且对二者的作用效果基本一致，系数均为0.0004。清洁能源利用可以有效推进海洋经济生产的清洁化，降低环境污染，并主要作用于生产环节从而对海洋经济绿色增长效率产生影响。但清洁能源利用对环境治理的效率影响并不显著。

第三，城镇人口规模对海洋经济绿色增长效率及其分解的生产效率与环境治理效率的影响均显著为负，且对环境治理效率的影响明显强于生产效率，约为后者的2.78倍。在追求城市化过程中，高污染高能耗的生产方式在一定程度上造成海洋经济绿色增长效率的损失。

第四，海洋产业集聚对环境治理效率的影响显著为正，但对海洋经济绿色增长效率与生产效率的影响并不显著。海洋产业集聚更有助于污染的集中处理，因此更易对环境治理效率产生正向影响。

第五，命令控制型环境规制对海洋经济绿色增长效率的影响不显著，但对生产效率与环境治理效率的影响则通过了检验，作用截然相反。命令控制型环境规制对生产效率影响为正，生产企业的创新补偿效应明显高于规制成本损失。然而，较高的环境规制门槛加重了环境治理企业的污染处理负担并要求具有更高的污染处理技术，从而对环境治理效率产生了负向影响。

第六，市场激励型环境规制对海洋经济绿色增长效率的影响显著为负，从系数大小来看，这一结果与对生产效率的作用效果基本一致，而对环境治理效率影响并不显著。这表明，市场激励型环境规制主要作用于生产阶段，当市场激励型环境规制过高时，可能会使企业丧失生产热情，不利于效率的提升。

第七，技术创新对海洋经济绿色增长效率及其分解的环境治理效率的影响显著为正，但对生产效率的影响暂不显著。这表明，以环境治理技术的研发与成果转化的效果较为突出且对海洋经济治理效率的影响较为明显。尽管技术创新对生产效率的影响也为正，但目前并不显著。

第八，外商投资对海洋经济绿色增长效率及其分解的生产效率与环境治理效率均具有显著的正向影响，且对于环境治理效率的影响尤为突出，约为生产效率系数的两倍。外商投资对我国海洋经济绿色增长效率的技术溢出效应显著大于污染扩散效应。

7 海洋经济绿色增长效率的提升路径设计

第6章深入剖析了海洋产业结构、清洁能源利用、城镇人口规模、海洋产业聚集、环境规制、技术创新以及外商投资等关键影响因素对海洋经济绿色增长效率的作用,明确了各因素对于海洋经济生产效率与环境治理的差异性作用。由于各个影响因素之间还存在着组合效应,多因素的联合影响共同导致海洋经济绿色增长的相对高效或低效。为此,本书将从多影响因素间的交互影响关系入手,引入模糊集定性比较分析(Fuzzy-Set Qualitative Comparative Analysis, fsQCA),进而完成对海洋经济绿色增长效率的提升路径设计。

7.1 提升路径的研究方法遴选

7.1.1 研究方法选择

海洋经济绿色增长效率的提升是多因素共同作用的结果,是融合了多种因素的组态效应问题。对于海洋经济绿色增长效率提升路径的设计,也必须从整体性与协同性视角出发,系统考虑各因素之间的相互依赖特征与复杂因果关系。

(1) 海洋经济绿色增长效率提升路径设计的现实需求

第一,各个影响因素之间存在复杂的交互关系。海洋经济绿色增长的高效率水平是区域城镇水平、海洋产业集聚、环境规制政策等多种影响因素相互错杂影响后的结果,而非各个影响因素的线性叠加。因此需要从系统性、整体性出发,探索通过条件变量的组合以达到海洋经济绿色增长效率的高效。第二,不同因素可能形成相同的结果,即结果的多源性。对于诸多海洋经济绿色增长效率较高的省(区、市),其所具有的经济结构、环境规制现状以及创新水平可能具有显著性差异特征。换言之,较高的海洋经济绿色增长效率的实现,可能存在多种路径。因此,需要从各个因素之间存在的相互依赖关系入手,通过不同条件的组合，来探讨实现海洋经济绿色增长效率提升路径的多样性。第三，影响因素与结果之间的非对称问题。在以往回归分析中，往往将自变量与因变量之间的关系界定为相关或非相关关系，即认定当因变量能够随自变量增加而增加时，当因变量变小时，自变量也会随之减小。事实上现实中许多变量之间的关系是介于二者之间的，即存在非对称关系。因此，海洋经济绿色增长的路径设计也要考虑因果关系的非对称特征。

(2) fsQCA 方法与回归分析的对比分析

表 7-1 展示了 fsQCA 与回归分析在分析方式上的异同，通过对比可以发现，二者具有以下显著区别。

表 7-1 fsQCA 与回归分析的异同分析

fsQCA	回归分析
假定变量间的关系可以是非对称、非线性的	假定变量间的关系是对称的和线性的
因果不对称性，即解释高水平结果的条件与解释低水平结果的条件并不完全相反	专注于确定解释高水平结果的决定因素，并认为低水平结果与之恰好相反
允许基于部分案例以识别局部效应	保持模型中所有其他变量的值不变，以关注特定变量的独特贡献
多重最优解	唯一最优解
对高水平结果的产生以及低水平结果的产生给予解释	对特定变量的作用进行解释，可对直接效应、间接效应以及调节效应进行考察
变量之间是交互影响	变量相互独立存在，不存在相互影响

第一，从变量之间的关系来看，回归分析侧重数量关系，而 fsQCA 方法强调变量的逻辑关系。回归分析侧重数量关系，假定解释变量与被解释变量之间存在定向因果关系，通过计量检验探寻二者在数量统计上的显著水平，并依据经济理论对这种因果关系予以阐释。而 fsQCA 方法更强调逻辑关系，将解释变量某一结果的产生视为各种前因条件彼此组合的结果(Jiao 等，2020)。因此，fsQCA 方法在变量组合过程并不要求变量间必须具备线性关系。

第二，从最优状态来看，回归分析往往给出一种最优解，而 fsQCA 方法则认为存在多个最优解。在变量间的对称性与线性关系基础上，回归分析认为各个解释变量与被解释变量存在确定性关系，即各变量的稳定回归系数。而 fsQCA 方法从系统论入手，考察各变量之间的互动关系与综合作用。因此，前因条件的组合方式往往是多样化且是等效的。

第三,从样本数目要求下,fsQCA 方法可适用于小样本情形。回归分析往往对样本量具有一定要求,当样本个数过小时,可能会导致回归结果存在一定的偏差。而 fsQCA 方法对样本量无明确要求,避免了回归分析中小样本情形下变量自相关以及多重共线性导致的偏误,有助于挖掘处理变量间的复杂关系,且相较于其他 QCA 方法(定性比较分析,Qualitative Comparative Analysis),fsQCA 以连续因果变量分析为基础,更有助于挖掘各个影响因素(fsQCA 中称之为前因条件,后文皆用前因条件代替影响因素的说法)在不同水平下的变动所导致的细微作用(Pappas 和 Woodside,2021)。

近年来,开始有学者提出将回归分析与 fsQCA 方法相结合(Ho 等, 2016;Carmen 等, 2018)。利用回归分析探讨各变量对被解释变量的净效应影响,并借助 fsQCA 方法探讨变量间的组态效应,为提升路径研究打开了新的思路。因此,本书在回归分析的基础上,引入 fsQCA 方法,从整体性与协同性视角对海洋经济绿色增长效率提升路径给出多样化的设计。这两个方法的结合,更能因地制宜地对差异性省(区、市)的海洋经济绿色增长效率提升给出个性化方案。

7.1.2 fsQCA 方法的主要思路与步骤

fsQCA 方法是 QCA 方法的一种,利用模糊集将各个变量数值校准为真值表,有效保留了定量分析的优势,从而使得 fsQCA 方法兼容了定性分析与定量分析所具有的优势(Cao 等, 2021)。fsQCA 方法将海洋经济绿色增长高效率的达成看作多个因素联合作用的结果,以获取多种前因条件彼此依存的前因条件构型,从而揭示某一地区海洋经济绿色增长效率较低或较高的原因,丰富了海洋经济绿色增长效率提升路径研究的可行空间。fsQCA 方法的主要处理思路与步骤如下所示。

(1) 变量校准

fsQCA 方法基于模糊理论对所有变量与数据进行隶属度测算,并标校至[0,1]。其中,定义完全隶属模糊隶属值为 1,完全不隶属模糊隶属值为 0,交叉点模糊隶属值为 0.5。对于校准标准的厘定一般以经济理论等为基础;或根据数据分布特征,以中位数为交叉点,分别以上、下四分位数作为完全隶属与完全不隶属的临界值(杨英等,2021);或以变量中数值的前、后 5% 为标准,对各个变量予以标校与模糊隶属度赋值。为保证运算的准确性,往往需要对处于交叉点的变量进行调整,即将标校后模糊隶属值为 0.5 的各个变量同时增加或缩减 0.001,避免交叉点数据对运算结果的影响。

(2) 必要条件检验

必要条件检验旨在判断各个影响因素的存在是不是引致结果产生的必要条件,是 fsQCA 的基础。如果某前因条件是结果变量的必要条件,则通过这一个前因条件就可对结果变量进行解释。反之,则需要进行组态效应分析,通过前因条件的组合与综合作用才能达成目标结果。考虑 fsQCA 主要分析非必要前因条件的各种组合模式对最终结果的影响,因而对通过必要性检验的前因条件需要予以剔除(杜运周等,2021)。必要性的检验一般以条件变量的一致性予以判断,一致性即导致结果发生的某个影响因素或影响因素组合在所有案例中出现的概率。一般一致性水平高于 0.9 时可认为该条件为必要性条件(Judge 等, 2020)。

(3) 真值表构建

真值表的功能在于识别与结果变量相关联的前因条件的组合,涵盖了所有可行的逻辑组合。真值表的构建,以必要条件检验结果为依据,通过将校准后的非必要前因条件利用 Quine-McCluskey 算法组合而成。在 K 个前因条件下,真值表中可获得 2^K 个前因条件组合,而后参照样本频数(一般以样本量的 1.5%为标准)与一致性(一般以大于 0.75 为宜)阈值约束,对结果进行删减,获取对结果具备较强诠释能力的前因条件组合(张明和杜运周,2019)。

(4) 组态效应分析

通过标准分析获取复杂解、中间解以及简洁解。其中,复杂解分析较为烦琐,包含所有导致结果出现的非逻辑余项,简洁解涵盖所有逻辑余项,可能存在与现实相冲突的情形。与之相比,中间解将理论与现实相结合,将具有现实意义的逻辑余项考虑在内,具有更强的普适性(乃鹏等,2020)。在实际分析中,一般以中间解分析为重点,以简洁解为辅助,本书也参照这一分析思路。

对中间解的分析,涉及各个前因条件组合的原始覆盖度(即该组合下引致结果发生的样本占比)、唯一覆盖度(即只能由该组合才能导致结果发生,而其他组合模式无法导致这一结果产生的样本占比)以及一致性水平。对于各个前因条件,当其同时出现在中间解和简洁解中,则被定义为核心条件;当仅出现于中间解时,则为边缘条件。一般认为,核心条件较之于边缘条件对结果的作用更为强烈(Lou 等, 2022)。对特定的前因条件组合而言,当某一前因条件存在且为核心条件的,用"●"表示;存在但是为边缘条件,则记为"•";若在某一前因条件组合中,某一条件缺乏且为核心条件,则记为"⊗";若为边缘条件,则以"⊗"表示;而对于部分条件其存在与否对结果并不影响,则以空白表示。

7.1.3 QCA 方法

QCA 方法是一种集合分析方法。该方法基于韦伯式思想实验，利用集合论与布尔算法①，从整体论视角出发对复杂经济现象的背后因果逻辑进行研究。在 QCA 理论中，一般将导致结果产生的各个条件或影响因素称为前因条件，而前因条件的组合则称为条件组态（Ragin，2008）。QCA 理论认为复杂经济现象所折射的是诸多并发条件与其结果的交错集合关系，同时，某一特定条件及其结果之间的因果关系会由于条件组合的不同而产生变化（陶克涛等，2021）。换言之，QCA 否定了两变量因果关系的恒定性，而是讲求多重并发因果关系。QCA 理论借助组态理论，从整体论与系统论出发，组态化某一经济现象产生的条件，借助集合理论将其概念化为不同的集合，利用集合分析探讨前因条件与结果间的联系，分析前因条件的组态导致的最终结果的变动（王婉等，2022）。

QCA 分析法通过一致性（Consistency）与覆盖度（Coverage）对前因条件组合进行遴选，从而获取对结果变量具有可信解释力的条件组合。一致性是对前因条件组合与原始样本所含信息的相近性描述，覆盖度则是指样本结果的产生被特定前因条件组合解释的程度。公式表示如下：

$$\text{consistency}(X \leqslant Y) = \sum \min(x_i, y_i) / \sum x_i \tag{7-1}$$

$$\text{coverage}(X \leqslant Y) = \sum \min(x_i, y_i) / \sum x_i \tag{7-2}$$

式中，x_i 为标校后的前因条件，代表样本 i 在前因条件组合 X 中的隶属值，y_i 为标校后的结果，代表样本 i 在结果集合 Y 中的隶属值。一致性与覆盖度范围均为[0,1]，一致性越接近于 1 则表征该前因条件组合于样本结果具有较高的相关程度，有可能是结果产生的必要条件。覆盖度越高则说明前因条件能够较大范围地解释结果的产生。

QCA 根据前因条件与结果变量的数据特征包含三种分析方法。具体为清晰集定性标校分析（Crisp-Set Qualitative Comparative Analysis，csQCA）、多值集定性标校分析（Multi-Value Qualitative Comparative Analysis，mvQCA）以及模糊集定性比较分析等。

三种分析方法比较如下：csQCA 将前因条件与结果变量均转换为表征完全隶属与完全不隶属的“1”“0”二分变量；mvQCA 则在 csQCA 的基础上设置了更多阈值，进行三分或四分类的有序分割；较之于前两种方式，fsQCA 允许

---

①布尔算法中常以“ * ”表示“且”，以“～”表示“非”，以“＋”表示“或”。

变量连续取值，对前因条件与结果变量进行[0,1]的模糊化处理，保留了因果分析中子集关系的大部分信息，更好地将定性与定量分析的优势相结合，更适用于我国海洋经济绿色增长效率提升路径的研究与设计。

7.2 单项影响因素的必要性分析

根据第 6 章的研究结果表明，能源转型、城镇人口规模、产业集聚、命令控制型环境规制、技术创新以及外商投资六个影响因素对海洋经济绿色增长效率以及生产效率与环境治理效率影响相对较大，而海洋产业结构对生产效率与环境治理效率的影响不显著，且市场激励型环境规制相较于命令控制型环境规制对其的影响也相对有限。因此，本部分将能源转型等六个影响因素作为 fsQCA 的前因条件，分别将海洋经济生产效率、环境治理效率以及海洋经济绿色增长效率作为结果变量。在必要性分析之前，需要对所有变量进行标校，本书参照 Fiss(2011)的研究，以样本中各个变量的前 5%的个体定义为完全隶属，后 5%定义为完全不隶属，并以中位数为交叉点，运用 fsQCA 3.0 对各变量进行标校，获取模糊隶属值，从而为后续必要性检验与组态效应分析奠定基础。

7.2.1 海洋经济生产效率的必要条件判断

从海洋经济生产效率前因条件的必要性条件来看，如表 7-2 所示，无论是对于高海洋经济生产效率的达成还是对于低生产效率的形成，各前因条件的一致性值均小于 0.9。依赖单一因素对海洋经济生产效率升降的解释能力相对有限，也在一定程度上反映了以 fsQCA 方法进行复杂条件下多因素交互作用的优化路径分析的必要性。

表 7-2 海洋经济生产效率前因条件的必要性分析

前因条件	E1(高生产效率)		～E1(低生产效率)	
	一致性	覆盖度	一致性	覆盖度
ET	0.5602	0.5636	0.6806	0.7853
～ET	0.7866	0.6823	0.6218	0.6185
UR	0.6763	0.6664	0.5790	0.6543
～UR	0.6492	0.5735	0.7048	0.7140
LQ	0.6419	0.6543	0.5185	0.6060
～LQ	0.6134	0.5262	0.7042	0.6928

续表

前因条件	E1(高生产效率)		~E1(低生产效率)	
	一致性	覆盖度	一致性	覆盖度
CER	0.5672	0.5879	0.6297	0.7485
~CER	0.7573	0.6408	0.6533	0.6339
RD	0.6125	0.6467	0.5823	0.7052
~RD	0.7208	0.6007	0.7083	0.6770
FDI	0.7256	0.7509	0.4774	0.5666
~FDI	0.5813	0.4924	0.7901	0.7676

注:"~"指条件变量取逻辑非,代表与条件变量方向相反。

从各前因条件的一致性水平来看,高海洋经济生产效率通常与传统能源利用~ET(0.7866)、低环境规制强度~CER(0.7573)、高外商投资 FDI(0.7256)以及低研发投入~RD(0.7208)相伴而生,上述因素的一致性水平尽管没超过0.9,但均高于0.7。换言之,这些因素对于高海洋经济生产效率的产生均具有一定的解释能力,但单变量的解释能力较为有限,不能作为结果产生的充分条件或必要条件。而低生产效率往往与低外商投资~FDI(0.7901)、低研发投入~RD(0.7083)、低城镇人口规模~UR(0.7048)以及低海洋产业聚集~LQ(0.7042)相联系。通过对低生产效率与高生产效率的较高一致性前因条件分析可以发现,两种相反结果的产生并不具有完全相反的前因条件,甚至存在条件的重叠,如低研发投入~RD,既可能在一定程度上解释低海洋经济生产效率的产生又部分解释了高海洋经济生产效率。事实上,这一结果的产生说明了最终效率结果的形成是多个因素共同作用的结果,反映了变量之间交互影响的存在。

7.2.2 海洋经济环境治理效率的必要条件判断

海洋经济环境治理效率前因条件的必要性分析如表7-3所示。整体来看,所有前因条件的一致性值均低于0.9,故而说明海洋经济环境治理效率的提升是多种因素联合作用的结果。也就是说不存在单个的前因条件可作为实现较高海洋经济环境治理效率的必要条件,需要通过多变量联合作用才能形成环境治理效率的提升路径。

表 7-3 海洋经济环境治理效率前因条件的必要性分析

前因条件	E2(高环境治理效率)		～E2(低环境治理效率)	
	一致性	覆盖度	一致性	覆盖度
ET	0.5883	0.6286	0.6973	0.7611
～ET	0.7764	0.7151	0.6597	0.6208
UR	0.6187	0.6473	0.6449	0.6895
～UR	0.7033	0.6597	0.6701	0.6423
LQ	0.5905	0.6390	0.6015	0.6652
～LQ	0.6906	0.6291	0.6736	0.6269
CER	0.5144	0.5661	0.7102	0.7985
～CER	0.8169	0.7340	0.6142	0.5638
RD	0.6147	0.6892	0.5846	0.6697
～RD	0.7054	0.6243	0.7287	0.6590
FDI	0.6732	0.7398	0.5485	0.6159
～FDI	0.6505	0.5851	0.7683	0.7061

注:"～"指条件变量取逻辑非,代表与条件变量方向相反。

从前因条件的一致性大小来看,高海洋经济环境治理效率的产生,往往伴随着低环境规制强度～CER(0.8169)、传统能源利用～ET(0.7764)、低研发投入～RD(0.7054)以及低海洋产业聚集～LQ(0.7033),其一致性水平均超过了0.7。而对于低海洋经济环境治理效率,高一致性水平的变量为较低的外商投资～FDI(0.7683)、低研发投入～RD(0.7287)、高环境规制强度CER(0.7102)。由此可见,海洋经济环境治理效率的高低并不随着某一个单因素变量的增减而相应变化,如低研发投入的情形下既可能产生低环境治理效率,又可能伴随较高水平的环境治理效率。也就是说,研发投入作用的发挥受到了其他因素的联合影响,从而对海洋经济环境治理效率产生差异性的影响。当然,从一致性结果来看,各个前因条件均没有超过0.9,无法依赖单一因素改善而对海洋经济环境治理效率提升产生有效影响。

7.2.3 海洋经济绿色增长效率的必要条件判断

表7-4展示了海洋经济绿色增长效率的前因条件分析结果,与生产效率以及环境治理效率的表现相类似,所有前因条件的一致性值均低于0.9,海洋经

济绿色增长效率的提升需要多种因素联合作用的结果，需要通过多变量联合作用才能促进海洋经济绿色增长效率的提升。

表 7-4 海洋经济绿色增长效率前因条件的必要性分析

前因条件	E(高绿色增长效率)		～E(低绿色增长效率)	
	一致性	覆盖度	一致性	覆盖度
ET	0.5985	0.5996	0.6797	0.7872
～ET	0.7876	0.6803	0.6543	0.6532
UR	0.6996	0.6865	0.5838	0.6622
～UR	0.6557	0.5768	0.7236	0.7358
LQ	0.6567	0.6665	0.5312	0.6232
～LQ	0.6288	0.5371	0.7157	0.7067
CER	0.563	0.581	0.6584	0.7854
～CER	0.792	0.6673	0.6488	0.6318
RD	0.629	0.6614	0.5873	0.7138
～RD	0.7278	0.6041	0.7214	0.6921
FDI	0.7499	0.7728	0.482	0.5741
～FDI	0.5867	0.4949	0.8093	0.789

注:"～"指条件变量取逻辑非，代表与条件变量方向相反。

从各前因条件的一致性大小来看，对于高海洋经济绿色增长效率水平的达成，低环境规制强度～CER(0.7920)、传统能源利用～ET(0.7876)、高外商投资 FDI(0.7499)以及低研发投入～RD(0.7278)的一致性水平较高，均超过了0.7。而对于低海洋经济绿色增长效率状态下，往往具有较低的外商投资～FDI(0.8093)、低城镇人口规模～UR(0.7236)、低研发投入～RD(0.7214)以及低海洋产业聚集～LQ(0.7157)，由此也可以印证导致海洋经济绿色增长低效率与高效率前因条件的非对称性。

7.3 多因素联合作用的提升路径分析

7.2 节单项影响因素的必要性分析表明，依赖单项影响因素提升我国海洋经济绿色增长效率作用有限，必须以多因素联合作用才能有效实现海洋经济绿色增长效率的提升。本节基于模糊集合理论对前因条件进行处理，构建真值表，对条件组态的充分性进行分析，以明晰所有可达成海洋经济绿色增长效率提升的有效路径。条件组态分析旨在明确多个前因条件联合形成的各个组态结果发生是否充分，从集合关系来看，保证了前因条件联合形成的组态集合为结果集合下的子集（张明等，2019）。对于样本频数门槛设置，考虑本书以2006—2018年我国11个沿海省（区、市）为研究样本，共有143组数据，按照样本量的1.5%的设置要求（Ragin，2006），本书将频数门槛设置为2。对于一致性阈值，遵循研究惯例设置为0.8，为排除潜在的矛盾组态，PRI（Proportional Reduction in Inconsistency）设置为0.5，即对低于0.5的条件组态记为0，从而获取海洋经济生产效率、环境治理效率以及海洋经济绿色增长效率的优化路径。

为保障路径设计的可行性，对构型结构进行了稳健性检验，参考文宏和李风山（2021）对一致性阈值进行调整，由0.8改为0.85。结果显示，海洋经济生产效率、海洋经济环境治理效率以及海洋经济绿色增长效率的数据结果均未发生改变。因此，本书提出的优化路径分析结果较为可靠。

7.3.1 海洋经济生产效率的提升路径设计

表7-5展示了海洋经济生产效率前因条件组合的两种构型，这两种前因条件构型也代表了两条可行的海洋经济生产效率提升路径。两条路径的一致性指数分别为0.8540和0.8649，显著高于0.75的临界值水平，则两条路径均符合一致性条件，且总体一致性水平达0.8512，整体覆盖度0.4797，即该部分给出的两条以生产效率提升为目的的提升路径设计覆盖率约47.97%的样本，与当前fsQCA研究中获取的整体覆盖度基本持平（张明等，2020），具有较强的解释能力，且两条路径的原始覆盖率水平也均在0.37左右。因此，依据fsQCA给出的考虑以提升海洋经济生产效率为目标的海洋经济绿色增长效率提升路径共有两条。

表7-5　海洋经济生产效率的提升路径

前因条件	路径A1	路径A2
ET	⊗	⊗
UR		●
LQ	●	
CER	⊗	
RD	⊗	●
FDI	●	●

续表

前因条件	路径 A1	路径 A2
一致性	0.8540	0.8649
原始覆盖率	0.3701	0.3750
唯一覆盖率	0.1047	0.1096
总体覆盖率	0.4797	
总体一致性	0.8512	

注:●=核心条件存在,•=边缘条件存在,⊗=核心条件缺席,⊗=核心条件缺席,“空白”=存在与否不构成影响。

第一种提升路径(A1)为发挥海洋产业集聚优势、扩大外商投资的海洋经济生产效率提升模式。组态构型为~ET* LQ* ~CER* ~RD* FDI。这一提升模式下地区可以通过合理产业布局,如建设海洋产业园区等方式,形成海洋产业集聚优势,同时吸引外资,以此来确保海洋经济生产效率的提升。该提升路径下不需要进行过高的技术投入;在能源利用方面,也主要以传统能源的开发与使用为主,同时不需要给予过强的环境规制约束。“十一五”阶段,上海海洋经济生产效率的高效率表现即为这种模式的典型。上海海洋经济发展历史较为深厚,以 2006 年为例,海洋经济规模就占地区生产总值的 38.5%,远高于全国平均水平 15.7%。同时,上海对外开放程度较高,外来技术的引进与吸收很大程度上带动了上、下游企业的发展,并形成示范效应,有效推动了海洋经济生产效率的高水平发展。

第二种提升路径(A2)通过技术创新、扩大外商投资从而提升海洋经济生产效率。其组态构型表示为~ET* UR* RD* FDI。这一模式下强调研发投入以及外商投资,要求具有较高的城镇人口规模,能源利用以传统能源使用为主。“十二五”“十三五”阶段上海和天津的海洋经济就是这一模式下发展的重要代表。这两个城市均具有雄厚的科研实力,对海洋经济生产过程中的技术提供了一定的支撑作用,城镇人口规模也实现了较高发展,为海洋经济生产提供了高水平的劳动力资源,较高的外商投资对带动关联企业生产也具带动作用,保持了较高的生产效率。

综合以上两条海洋经济生产效率提升路径发现,以提升海洋经济生产效率为目标的路径设置均强调了外资引进的存在。结合第 6 章回归结果可以认为,对于海洋经济而言,外商投资对海洋经济生产效率的影响是积极的,能够给我国海洋经济生产带来先进的生产技术。同时,通过上、下游间的产业关联与行业示范，形成技术扩散，带动了清洁生产技术的发展，从而使得生产效率得以提升。但是，单纯依赖外商投资并不能提升海洋经济生产效率，它还受到海洋产业集聚、技术研发创新等的共同作用。也正是在多因素的联合影响下，外商投资对于生产效率的积极影响才得以发挥，从这一角度看，探寻多因素间的联合作用才是提升海洋经济绿色增长效率的正确选择。

7.3.2 海洋经济环境治理效率的提升路径设计

以提升海洋经济的环境治理效率为目标进行优化路径设计，结果如表 7-6 所示，形成了六种前因条件构型，一致性指数分别为 0.9278、0.8735、0.8595、0.8268、0.8986 以及 0.8639，均高于 0.75 的临界水平，符合一致性条件。从总体覆盖率来看，高达 0.6967，解释了约 70%的高海洋经济环境治理效率的产生，整体一致性也高于 0.8236。从单条路径的覆盖率来看，路径 B3 的覆盖率最高，达 0.4094，其次为 B5，覆盖率达 0.3876，路径 B2 的覆盖率最低，但是也能解释 25.12%的高海洋环境治理效率现象。由此可以获知，在以重点提升海洋经济环境治理效率为目标的海洋经济绿色增长效率的可行路径共有六条，下面进一步对各路径进行分析。

表 7-6 海洋经济环境治理效率的提升路径

前因条件	路径 B1	路径 B2	路径 B3	路径 B4	路径 B5	路径 B6
ET			⨂	⨂	•	
UR	⨂	⨂	⊗	•	●	●
LQ	•	⨂	⊗	•	⊗	•
CER	⨂	•	⨂	⨂	⨂	⨂
RD	⊗	⊗			●	●
FDI	●	●	⊗	•		•
一致性	0.9278	0.8735	0.8595	0.8986	0.8268	0.8639
原始覆盖率	0.3177	0.2512	0.4094	0.3876	0.3379	0.3531
唯一覆盖率	0.0547	0.0246	0.0964	0.0251	0.0339	0.0135
总体覆盖率	0.6967					
总体一致性	0.8236					

注：●＝核心条件存在，•＝边缘条件存在，⨂＝核心条件缺席，⊗＝边缘条件缺席，“空白”＝存在与否不构成影响。

路径一（B1）为“海洋产业集聚＋外商投资引进”提升模式。这一模式不需要过高的研发创新投入，对清洁能源的利用也不做较高要求。条件组态构型表示为～UR* LQ* ～CER* ～RD* FDI。这一海洋环境治理效率的提升模式不要求具有较高的城镇人口规模，致力于保持地区原有的海洋资源状态，打造地区特色海洋产业形成产业集聚优势。以研究期内的海南为代表，海南致力于打造以海洋文化产业和高端服务业为支撑的特色海洋产业体系，在发展海洋经济的同时有效保护了区域海洋环境资源。同时，海南作为我国最大的经济特区，经济外向型程度较高，伴随外商投资引进的先进技术与本地海洋经济集聚联合作用保障了海洋经济环境治理的高效。

路径二(B2)是“强环境规制＋外商投资引进”的海洋经济环境治理效率提升模式。条件组态构型为～UR* ～LQ* CER* ～RD* FDI。该优化路径更适宜于海洋产业规模有限的地区，且对城镇人口规模也不做过高要求。由于路径二主要通过吸引外资引进为重要驱动，利用其投资过程引进先进技术带动地区技术发展。由于海洋产业集聚优势不足，这一阶段需避免高污染企业的引入。因此需要进行较高的环境规制要求，以提高污染治理成本，避免高污染高耗能企业的引入，从而确保较高的海洋经济环境治理效率。这一提升路径下，以江苏“十一五”阶段海洋环境治理效率为显著代表。江苏海洋产业规模有限，但该地区对外资的利用程度较高，以 2009 年为例，有超过 40％的工业产值由外商投资产生。同时，江苏参照国外发达国家排放标准制定实施了“六大行业提标改造新标准”，以较为严格的环境规制规避了外商投资“污染天堂”的产生，从而全面发挥出了“强环境规制＋外商投资引进”型海洋经济环境治理效率提升模式的优势，验明了这一提升路径的可行性。

路径三(B3)为较弱的环境规制与传统能源利用的提升模式。这一组态构型为～ET* ～UR* ～LQ* ～CER* ～FDI，这一模式比较适合海洋资源开发程度较低的小规模的海洋经济。其描述了在海洋经济发展的初期阶段，海洋产业相对分散、以传统能源利用为主且城镇人口规模较低时，只需以较低的环境规制与较少的外商投资即可实现海洋经济环境治理的高效率。以“十一五”阶段的广西和河北为典型代表，在这一时期，海洋经济发展相对较弱。以 2006 年为例，广西海洋经济仅占其地方生产总值的 6.2％，河北也仅为 9.4％，且这一时期海洋环境污染程度也较弱。根据《2006 年河北省环境状况公报》显示，全省海域基本处于良好状态。这两个地区的海洋经济环境治理效率较同时期其他省(区、市)均处于较高水平，就是这种小规模海洋经济生产模式下的弱环境治理与传统能源利用发展模式的典范。

路径四(B4)与路径三(B3)的核心条件一致，均为～ET* ～CER，也为较弱的环境规制与传统能源利用的提升模式。其构型为～ET* UR* LQ* ～CER* FDI,相较于前一种构型,这一优化路径强调地区具有较高的城镇人口规模与较高的海洋经济规模。在此情形下,可以通过加大外商投资提升海洋经济环境治理效率。在海洋产业较为集聚且城镇人口规模较高的前提下,进入的外资企业往往具有较高的清洁生产水平,因而不需要再设置过高的环境规制也可实现较高的环境治理效率。事实上,上海在"十一五"前期较高的海洋经济环境治理效率即是在这一发展路径模式下的表现。

路径五(B6)和路径六(B6)的核心条件均为 UR* ～CER* RD,均为高城镇化、较低的环境规制与较强的研发投入模式。路径五(B6)的条件构型为 ET* UR* ～LQ* ～CER* RD。这一提升路径的特色在于倡导小规模特色化的海洋产业发展,并不需要过大的海洋产业集聚优势,而是以小规模化的特色发展与清洁能源开发利用提升海洋经济环境治理效率。由于在能源利用上以清洁能源的使用为主,故而不需要进行过高的环境规制。路径六(B6)作为另一种高城镇化、较低的环境规制与较强的研发投入提升模式,与上一优化路径相比,提出可引入外商投资扩大生产规模。条件构型表达为 UR* LQ* ～CER* RD* FDI。这一优化路径则倡导形成海洋产业集聚优势,加大科研投入以提升环境治理的绿色水平。

通过对比以上六条海洋经济环境治理效率提升路径可以发现以下规律:外商直接投资与海洋产业集聚往往同时存在,当不具备海洋产业区位优势时,则需要设置较高的环境规制以防范外资引入伴随的环境污染。在优化路径 B1 和 B4 中,FDI 与 LQ 均同时存在,而当 LQ 的水平较低时,如路径 B3 和路径 B6,往往不以外商投资作为前因条件。由第 6 章外商投资对海洋经济绿色增长效率的影响机制可知,外商投资对地区海洋经济绿色增长效率具有正、反两方面的影响。当区域海洋产业聚集时,容易形成规模优势,更有利于吸引高质量的外商投资,而外商投资的增加更有助于区域海洋产业集聚与产业链条的延伸(殷晓鹏等,2021),因此,海洋产业集聚优势与外商投资交互影响,对海洋经济绿色增长效率形成持续的正反馈作用。而当地区海洋产业集聚优势不明显时,可能会存在劳动密集型、资源密集型的外资企业引入,此时要注意发挥环境规制的作用。故而在路径 B2 中,当海洋产业集聚优势不足时,在采用引进外资的同时需设置较高的环境规制政策门槛,以避免"污染避难所"的发生。

7.3.3 海洋经济绿色增长效率的提升路径设计

海洋经济生产效率和海洋经济环境治理效率是对海洋经济绿色增长过程中不同环节效率的反馈,海洋经济绿色增长效率的提升,应以全面提升海洋经济各环节的效率为目标。因此，提升路径的设计也需要综合考虑生产效率与环境治理效率两个方面。故此，本部分以较高的海洋经济绿色增长效率为目标结果进行提升路径设计，结果如表7-7所示。共形成了三条可行路径，一致性指数分别为0.8962、0.8541以及0.8916，均高于最低一致性阈值0.75，总体一致性也达到了0.8666，处于较高水平。从各路径的覆盖率来看，C1的覆盖率最高，为0.3901，能够解释39.01%的较高的海洋经济绿色增长效率的发生，且有11.33%的样本中仅能由此路径产生。路径C2的覆盖率最低，但也能够解释样本中36.17%的高海洋经济绿色增长效率的产生。三条路径的总体覆盖率为0.5323，符合当前对总体覆盖率的要求。因此，以系统提升海洋经济绿色增长效率为目标的提升路径共有三条，现就各路径进行具体分析。

表7-7 海洋经济绿色增长效率的提升路径

前因条件	路径C1	路径C2	路径C3
ET	⊗		⊗
UR		●	●
LQ	●	●	●
CER	⊗	⊗	
RD	⊗	●	●
FDI	●	●	●
一致性	0.8962	0.8541	0.8916
原始覆盖率	0.3901	0.3617	0.3882
唯一覆盖率	0.1133	0.0309	0.0574
总体覆盖率	0.5323		
总体一致性	0.8666		

注：●＝核心条件存在，•＝边缘条件存在，⊗＝核心条件缺席，⊗＝核心条件缺席，“空白”＝存在与否不构成影响。

第一条路径(C1)条件构型为～ET* LQ* ～CER* ～RD* FDI。这一路径主要针对以传统能源利用为主的地区，不需要过高的研发投入，可采用“海洋产业集聚优势＋较弱的环境规制＋外商投资引进”这一海洋经济绿色增长效率提升模式。事实上，这一提升路径与生产效率提升模式中的A1以及海洋经济环境治理效率提升模式B4之间是融通的。换言之，该路径可以实现海洋经济生产效率以及环境治理效率的协同提升。这一路径下对能源利用方式没有过高要求，由于地区海洋产业聚集优势的存在，能够对优质外商资源形成吸引作用，并借助外商投资形成的示范、竞争以及产业关联效应（郭东杰和王晓庆，2013），带动地区海洋经济生产与环境治理的高效发展。

第二条路径（C2）条件构型表示为 UR* LQ* ～CER* RD* FDI。这一路径要求地区具有较高的城镇人口规模，且具有一定的海洋产业集聚优势，此时可通过加强科技创新投入、扩大外商投资规模提升海洋经济绿色增长效率。路径 C2 对环境规制的门槛不需要做出过高要求。由于各个因素之间的相互作用，高环境规制在这一情形下容易对创新投资产生挤出效应，对整个海洋经济体系产生影响。将路径 C2 与生产阶段以及环境治理阶段的优化路径进行比对可以发现，其与 A2 以及 B6 之间是相恰的，可视为对这两条以特定阶段性效率提升为目标的优化路径的融合。路径 C2 可以实现生产效率与环境治理效率的协同提升。

第三条路径（C3）与上一条路径的构型较为相似，均注重研发投入与外商投资。其差别在于该路径放松了对环境规制的设定，在这一模式下，较高的环境规制与较低的环境规制并不会对海洋经济绿色增长效率产生影响。其前因条件构型表示为～ET* UR* LQ* RD* FDI。这一优化模式下要求地区具有一定的海洋产业规模，同时具有一定的城镇人口规模，可为地区海洋经济发展提供良好的基础设施与高素质劳动力优势，并依靠研发创新为发展海洋经济提供技术支撑，借助外资引进进一步带动上、下游企业的绿色生产与治理。从路径组成来看，可视为海洋经济生产效率提升路径 A2 和海洋经济环境治理效率提升路径 B6 的融合。

对比海洋经济绿色增长效率提升的各条路径，可以得到以下结论。

第一，技术研发创新往往与较高的城镇人口规模相伴而生，二者协同共生，共同促进海洋经济绿色增长效率的提升。无论是以提升海洋经济生产效率为最终目的的优化路径 A2，还是以实现海洋经济环境治理高效率为最终目的的优化路径 B5、B6 以及以全面提升海洋经济绿色增长效率为最终目的的路径 C2、C3，当以技术研发创新为核心条件时，大多以区域较高的城镇人口规模为必要前提。胡丽娜和薛阳（2021）指出创新的关键在于知识溢出、劳动力匹配以及产品共享。随着城镇人口规模的加深，高素质劳动力与创新性企业多向具有交通优势的城市中心区域集中（Hamidi 和 Zandiatashbar，2019），从而对技术研发创新起到促进作用；同时，技术创新又进一步对城镇化的发展起到推动作用（万广华和胡晓珊，2021），二者相互耦合，既改善了海洋经济劳动力结构，又对海洋经济生产与环境治理的技术发展起到支撑作用。

第二,多数路径均强调了研发投入以及外商投资的重要性。对各条优化路径进行分析发现,除路径 B1 和路径 B3 外,其他优化路径均以增加技术研发创新或加大外商投资其中的一项或两项作为路径提升的重要前因条件。特别是在针对海洋经济绿色增长效率提升的路径设计中,研发创新和外商投资多作为核心条件出现。这一结论也与第 6 章的结论相呼应,研发投入为地区海洋经济生产与环境治理带来了巨大的技术支撑,具有积极的正向影响。外商投资在一定程度上为地区海洋经济发展带来了技术支持,并通过产业关联等向其周边企业传播,带动地区海洋经济绿色增长效率的提升。

7.4 提升海洋经济绿色增长效率的政策建议

如何提升海洋经济绿色增长效率是一个涉及多环节、多系统的长期性问题,不可一蹴而就,各地区需要在国家整体布局的基础上根据其现实发展特点与资源禀赋,因地制宜地选择路径提升方案。如针对城镇化基础相对薄弱的地区,可通过发展特色海洋产业,形成产业集聚效应,并通过有效利用外资来提升海洋经济绿色增长效率;而针对城镇人口规模比较高且具备较好的海洋区位优势的省(区、市),则需要注重自身技术的研发创新,并结合外资利用将海洋经济绿色增长效率推向纵深。就国家整体规划而言,海洋经济绿色增长效率的提升则更需从全局视角出发。基于本书的研究结论,笔者给出以下几点政策建议,以提升我国的海洋经济绿色增长效率。

(1) 布局改善,打造特色显著重点突出的空间格局

当前我国海洋经济存在严重的区域同构化与无序扩张现象,使得区域之间的协调性不强,各个地区过度竞争、重复建设造成存在严重的资源浪费与拥挤效应,这也是导致在海洋经济绿色增长效率净效应分析中产业集聚在海洋经济绿色增长效率与生产效率方面均表现为负值的原因所在。事实上,海洋产业聚集与区位优势对海洋经济绿色增长效率具有重要作用,从路径优化设计结果来看,具有效率优势的省(区、市)往往兼具较高的区位熵。因此,应从全局视角出发,统筹改善我国海洋经济总体布局,打造特色显著、重点突出的海洋经济空间格局。依据各地区生态环境、人文环境、产业基础与开发潜力,统筹国家整体布局,打造由海洋经济示范区、现代海洋城市、海洋强省、海洋经济圈组成的多层次、由点到面、优势互补、区域联动、绿色高效的海洋经济区域布局。

(2) 区域联动,加强海洋环境污染联防联控

由于海洋水体的流动性,海洋污染的扩散性更强,同时不同区域之间环境规制强度的差别化设置会导致污染企业的转移。第 5 章的研究结果也显示海

洋经济环境治理效率更易受到外部因素影响,波动性更强。因此,必须加强海洋环境治理的区域联动。第一,坚持陆海统筹,推进流域—河口—近海污染防控的联动管理机制,加强沿海、流域、海域协同一体的综合治理,实行源头控制,全面推进对重点海区的综合管理。第二,因地制宜,参照生态保护红线、环境质量底线、资源利用上线以及生态环境准入清单,实行"一湾一策",加强海洋生态环境的分区管控,推进海洋经济环境生态保护的精细化管理。

(3) 多措并举,注重不同类型环境规制的综合运用

企业以利润最大化为生产决策目标,而环境规制的目的则在于将环境污染治理成本内化于企业生产成本,从而达到环境保护的目的。现阶段我国海洋环境规制工具仍以命令控制型环境规制为主,尽管自 2002 年就颁布实施了《中华人民共和国海域使用管理法》,实行海域确权管理,但当前对海域资源的确权管理并未能有效反馈海水资源的经济与环境价值及其立体性特点。在海洋经济的发展过程中,需要将多种环境规制工具进行组合使用,多措并举,共同保障海洋经济绿色增长效率的提升。例如:对命令控制型环境规制,根据资源环境禀赋与环境承载能力等,确定适度的环境规制强度;在市场激励型环境规制方面,完善海水资源产权制度,推进海域确权的立体化设置;鼓励非正式环境规制工具的运用,加强公众的海洋保护意识,引导公众积极发挥监督作用。

(4) 突破瓶颈,统筹海洋科技资源配置

海洋科技创新是支撑海洋经济绿色生产环节与环境治理环节效率提升的重要驱动。当前我国部分领域的海洋技术已位居世界前列,但在海洋工程以及海洋能源资源开发等领域仍存在技术瓶颈。2018 年,习近平在山东考察时提出,"发展海洋经济、海洋科研是推动我们强国战略很重要的一个方面,一定要抓好。关键的技术要靠我们自主研发"。突破技术瓶颈,需要多方配合,统筹海洋科技资源配置。可实施"引育用留"人才管理,整合国家海洋科技创新力量,形成全链条海洋科技创新高地:从全局出发形成海洋科技创新顶层设计,培育多层次多学科融合的海洋人才,依托重大项目与关键技术打造海洋科技创新团队,并将海洋人才培养与产业发展和技术创新有机融合;助推多方海洋科技资源共享与海洋科技人才交流合作,提升海洋科技创新整体效能。

(5) 市场导向,支持创新型涉海企业发展

企业作为经济活动的最小单元,也是研发创新、技术创新决策与成果转化的重要主体。在社会主义市场经济框架下,以科技创新为手段,提升海洋经济绿色增长效率离不开涉海企业创新能力的改善。因此,本书提出以市场为导向,对创新型涉海企业给予有效扶持。一方面,鼓励涉海企业与科研院所、高校

等进行合作，联合攻关，从而有效提升我国科技成果商品化的转变速度，这有助于海洋经济生产效率与环境治理效率的显著提高。另一方面，支持有实力的涉海企业牵头，以市场为导向，以海洋产业关键产品与核心技术支撑，围绕海洋高技术产业的创新链培育产业链，以绿色低碳为特色，推动产业向中高端迈进。

(6) 合作创新，打造对外开放新高地

外商投资对我国海洋经济绿色增长效率具有积极影响，从路径设计结果来看，多数路径中均将外商投资作为一个关键内容，技术引进可较快提升国内海洋经济生产效率，并通过引进吸收再创新等对自主创新能力产生积极影响。为此，本书提出需继续扩大开放，进行合作创新，打造对外开放新高地，鼓励涉海企业引进海水淡化、生物医药等国际高精尖技术，拓展外商投资涉海产业目录，并对高端海洋产业的引入机制给予优化。拓展全球蓝色经济伙伴关系，积极共建“一带一路”沿线的涉海经贸合作区和国际贸易物流圈，深化全球涉海经贸合作。

(7) 配套支撑，提高服务保障和支撑能力

城镇化的重要表现即为基础设施的改善与劳动力质量的提升，作为社会先行资本，基础设施为海洋经济发展提供了水、电、交通、通信等重要支撑。本书研究表明，城镇化对海洋经济绿色增长效率变化具有显著的影响，特别是对生产效率的变动影响显著，在对海洋经济绿色增长效率的优化方案中也多将较高的城镇人口规模作为实现效率提升的关键条件。本书提出从信息基础设施、融合基础设施以及创新基础设施三方面提升基础设施的配套支撑能力，提高对海洋经济的服务保障与支撑能力。信息基础设施方面，将云计算、大数据、人工智能等现代信息技术融入海洋产业发展，优化网络基础设施；全面发展融合基础设施，发展海洋经济互联网设施，并对海陆交通设施进行维护升级，提升医疗教育服务能力；创新基础设施方面则可从供给侧和需求侧双向入手，优化产业技术创新设施，加快科研服务基础设施建设。

7.5 本章小结

本章引入 fsQCA 方法探讨了海洋产业集聚、清洁能源利用等六个前因条件对海洋经济绿色增长效率的组态效应，设计了全景式多样化的海洋经济绿色增长效率提升路径。首先，遴选了提升路径的研究方法，从变量交互影响、结果多源性以及“非对称性”等特点出发，明确了利用 fsQCA 方法进行海洋经济绿色增长效率提升路径设计的优势。其次，对单项影响因素的必要性进行了分析。最后，从多影响因素联合作用入手，利用 fsQCA 方法形成对海洋经济绿色

增长效率的提升路径设计，并给出相应的政策建议。本书主要结论如下。

第一，单项影响因素的必要性检验表明，无论是对于海洋经济生产效率、环境治理效率还是针对于海洋经济绿色增长效率而言，各个前因条件的一致性值均低于0.9，不存在单个的前因条件可作为实现较高海洋经济绿色增长效率的必要条件，需要通过多变量联合作用才能形成海洋经济绿色增长效率的提升路径。

第二，以提升海洋经济生产效率为目标，共有两条优化路径，组态构型分别为～ET* LQ* ～CER* ～RD* FDI以及～ET* UR* RD* FDI。两条路径都可以同等化达成提升海洋经济生产效率的目的。以提升海洋经济生产效率为目标的路径设置均强调了外资引进的存在，但单纯依赖外商投资并不能提升海洋经济生产效率，还需要与海洋产业集聚、技术研发创新等联合作用。

第三，以提升海洋经济环境治理效率为目标，共有六条提升路径。组态构型分别为～UR* LQ* ～CER* ～RD* FDI、～UR* ～LQ* CER* ～RD* FDI、～ET* ～UR* ～LQ* ～CER* ～FDI、～ET* UR* LQ* ～CER* FDI、ET* UR* ～LQ* ～CER* RD以及UR* LQ* ～CER* RD* FDI。通过六条等效路径的分析发现，外商投资与海洋产业集聚往往同时存在，当不具备海洋产业区位优势时，则需要设置较高的环境规制门槛以防范外资引进伴随的环境污染。

第四，以系统提升海洋经济绿色增长效率为目标的海洋经济绿色增长效率提升路径共有三条。条件构型分别为～ET* LQ* ～RD* FDI* ～CER、UR* LQ* ～CER* RD* FDI以及～ET* UR* LQ* RD* FDI。这三条提升路径可视为不同的以提升生产效率与环境治理效率为目标的优化路径的融合，更有助于全面提升海洋经济绿色增长效率水平。对比各路径发现，技术研发创新往往与较高的城镇人口规模相伴而生，二者协同共生，共同促进海洋经济绿色增长效率的提升。多数路径均以增加技术研发创新或加大外商投资其中的一项或两项作为路径提升的重要前因条件。

8 结论与展望

8.1 结论

本书基于“海洋强国”“海洋生态文明”“区域协调发展”等多重背景，着眼于沿海地区海洋经济高质量发展的现实需求，围绕“中国海洋经济绿色增长效率评价及提升路径研究”这一核心问题展开研究。本书以2006—2018年我国11个沿海省(区、市)的海洋经济为研究对象，利用两阶段交叉效率方法、收敛性研究方法、面板固定效应与面板随机效应模型以及fsQCA等研究方法，按照“理论分析框架搭建—绿色增长效率评价—收敛性及动态演进分析—影响因素分析—提升路径设计”为研究轴线开展研究。主要研究结论如下。

第一，将经济发展与环境保护并重的发展理念融入效率评价的目标设置，设计包含海洋经济生产与环境治理两大环节的网络结构，构建了一种新的基于中立策略的生产－治理两阶段交叉效率模型。利用该模型以2006—2018年为样本期，对我国11个沿海省(区、市)的海洋经济绿色增长效率进行了系统评价，并将其分解为生产效率与环境治理效率进行了评估。

从全国层面来看，我国海洋经济绿色增长效率整体水平偏低，海洋经济绿色增长效率与环境治理效率整体呈现“增－减－增”的正N形走势，生产效率则呈现稳步提升态势。随着党的十八大提出进行生态文明建设，对海洋经济进行了资源环境约束，“十二五”阶段环境治理效率出现了明显下降，幅度达36%，生产效率增长速度也有所减慢，仅上涨了2.7%，从而导致了海洋经济绿色增长效率的明显下降。

从区域层面来看，三大海洋经济圈呈现差异化特征：东部海洋经济圈的海洋经济绿色增长效率及生产效率与环境治理效率均高于同时期全国平均水平，特别是生产效率研究期内提升达32%，远高于10%的全国平均上涨水平。南部海洋经济圈的海洋经济绿色增长效率整体呈现先增后减的变化趋势，“十一五”阶段南部海洋经济圈的海洋经济绿色增长效率在三大海洋经济圈一直处于领先地位，但自 2011 年开始，其生产效率大幅下降，导致海洋经济绿色增长效率一路降低，并于“十三五”阶段低于全国平均水平，而环境治理效率则始终高于同时期全国平均水平。北部海洋经济圈的生产效率与环境治理效率的双低导致其海洋经济绿色增长效率显著低于其他地区，仅为全国平均水平的 82%。

第二，基于收敛理论，采用 σ 收敛检验和 β 收敛检验、核密度估计方法与马尔科夫链方法等对我国海洋经济绿色增长效率的区域差异变动与动态演进特征进行了剖析。

σ 收敛检验表明，我国海洋经济绿色增长效率与生产效率整体呈现收敛特征，而环境治理效率除南部海洋经济圈外均具有发散特征。我国海洋经济绿色增长效率与生产效率的区域差距趋于减小，而环境治理效率的区域差距却有所放大。绝对 β 收敛与条件 β 收敛显示，我国海洋经济绿色增长效率区域之间存在“追赶效应”，低效率省（区、市）将会加速发展，从而使得整体效率差距收紧。核密度结果表明，海洋经济绿色增长效率与生产效率的表现基本一致，研究期内主峰位置波峰高度呈现上涨趋势，效率分布较为集中；波峰个数由单峰变为双峰，右侧次级主峰的出现表明存在“优者更优”的两极分化现象，部分省（区、市）效率优势逐渐凸显；环境治理效率主峰位置与五年规划同步呈现周期性移动，波动特征较为明显。马尔科夫链测算结果显示，我国海洋经济绿色增长效率的提升多为渐进式的提升，环境治理效率比生产效率更容易发生状态转移。

第三，挖掘了海洋产业结构、清洁能源利用等关键因素对海洋经济绿色增长效率的影响，并进一步对这些因素如何作用于生产效率以及环境治理效率进行了精细化分析。

研究发现：海洋产业结构对海洋经济绿色增长效率具有积极影响，但对生产效率与环境治理效率的影响并不显著。清洁能源利用对海洋经济绿色增长效率与生产效率的影响效果基本一致，但对环境治理的效率影响并不显著。城镇人口规模对海洋经济绿色增长效率及其分解的生产效率与环境治理效率的影响均显著为负，且对环境治理效率的影响明显强于生产效率，约为后者的 2.78 倍。海洋产业集聚对海洋经济绿色增长效率与生产效率的影响并不显著，仅对环境治理效率具有积极影响，海洋产业集聚更有助于污染的集中处理。命令控制型环境规制对海洋经济绿色增长效率的影响不显著，可能与对生产效率与环境治理效率的反向作用关系有关：其对生产效率影响为正，生产企业的创新补偿效应明显高于规制成本损失，但较高的环境规制门槛加重了环境治理企业的污染处理负担与技术要求，从而对环境治理效率产生了负向影响。市场激励型环境规制对海洋经济绿色增长效率的影响显著为负,与对生产效率的作用效果基本一致,而对环境治理效率影响并不显著。技术创新对海洋经济绿色增长效率及其分解的环境治理效率的影响显著为正,但对生产效率的影响暂不显著,技术创新能够有效推进海洋环境治理技术的研发与成果转化,故而对海洋经济环境治理效率的影响较为明显。外商投资对海洋经济绿色增长效率及其分解的生产效率与环境治理效率均具有显著的正向影响,且对环境治理效率的促进作用尤为突出,约为对生产效率作用强度的2倍。

第四,将fsQCA方法引入海洋经济绿色增长研究,形成了全景式多样化的海洋经济绿色增长效率提升路径设计方案。

研究发现,不存在单个前因条件可作为实现较高海洋经济绿色增长效率的必要条件,需要通过多变量联合作用才能推动海洋经济绿色增长效率提升。以提升海洋经济生产效率为目标的优化路径共有两条,两条路径是等效的,均强调外商投资的存在,外商投资通过产业关联等产生技术溢出,但同时外商投资必须与海洋产业集聚等联合作用才能保障其功能的发挥。以提升海洋经济环境治理效率为目标的优化路径共有六条路径,这六条路径也具有等效性。六条路径中多强调研发投入与外商投资的重要性。但同时也指出,为提升环境治理效率,当地区不具有海洋产业规模优势时,需要设置较高的环境规制门槛防止高污染企业引入。兼顾海洋经济生产效率与环境治理效率的全面提升,以系统提升海洋经济绿色增长效率为目标的优化路径共有三条,这三条路径也具有等效性。这三条提升路径可视为不同的以提升生产效率与环境治理效率为目标的优化路径的融合,各地区可根据各自发展基础与效率提升目标因地制宜地选择提升路径。

8.2 展望

本书针对我国海洋经济绿色增长问题,搭建了海洋经济绿色增长效率的理论体系,构建了海洋经济绿色增长效率评价模型,对海洋经济绿色增长效率及其分阶段的生产效率与环境治理效率进行了系统分析,明确了各因素对海洋经济绿色增长效率的具体影响,形成了多样化的海洋经济绿色增长效率提升路径设计,并给出了相应的对策建议,研究具有一定的理论与现实意义。但海洋经济绿色增长效率问题是一个涉及多领域、多学科、多系统交互作用的复杂经济问题,受限于数据及技术方法等,本书对于海洋经济绿色增长效率的研究仍存在较大的研究空间,也为未来研究提供了方向。

其一,数据质量与时效性问题。受限于我国海洋经济统计核算数据约束,本书对海洋经济资本存量等部分投入产出数据进行了估算处理，尽管这种处理方式也是多数研究通用的，但估计误差的存在对本书实证结果可能存在一定的干扰。同时，由于目前海洋经济相关数据仅更新至 2018 年，2018 年国务院组建自然资源部对包括海洋在内的自然资源进行统筹管理，这一政策势必对海洋经济环境治理产生重大影响，而本书的研究未能对此予以很好的考量，今后将根据更新数据以及海洋经济统计核算体系的完善，对海洋经济绿色增长效率进行追踪研究。

其二，微观层面的作用机制探讨。本书对于海洋经济绿色增长效率影响因素及提升路径的研究主要从宏观层面入手，从微观层面探讨海洋经济绿色增长效率的作用机制有待进一步加强。未来可选择一些微观企业为调查对象，如海水淡化企业、渔民养殖户、港口、船运公司。基于微观生产者经济行为数据，从微观层面探讨、阐释海洋经济绿色增长效率的作用机制，有助于理解个体在海洋经济生产与环境治理过程中的行为选择与个体差异，从而形成更为系统、全面的研究成果。

参考文献

[1]陈琦,胡求光.中国海洋生态保护制度的演进逻辑、互补需求及改革路径[J].中国人口·资源与环境,2021,31(2):174-182.

[2]李志伟."生态+"视域下海洋经济绿色发展的转型路径[J].经济与管理,2020,34(1):35-41.

[3]Zhao X, Peng Y, Xue Y, et al. Spatial patterns of ocean economic efficiency and their influencing factors in Chinese coastal regions [J]. Romanian Journal of Economic Forecasting, 2016(3): 35-49.

[4]纪建悦,王奇.基于随机前沿分析模型的我国海洋经济效率测度及其影响因素研究[J].中国海洋大学学报(社会科学版),2018(1):43-49.

[5]Chen C, Lin S, Chou L, et al. A comparative study of production efficiency in coastal region and non-coastal region in Mainland China: an application of metafrontier model [J]. Journal of International Trade & Economic Development, 2018, 27(8): 901-916.

[6]盖美,刘丹丹,曲本亮.中国沿海地区绿色海洋经济效率时空差异及影响因素分析[J].生态经济,2016,32(12):97-103.

[7]赵昕,彭勇,丁黎黎.中国沿海地区海洋经济效率的空间格局及影响因素分析[J].云南师范大学学报(哲学社会科学版),2016,48(5):112-120.

[8]李彬,高艳.我国区域海洋经济技术效率实证研究[J].中国渔业经济,2010,28(6):99-103.

[9]胡求光,余璇.中国海洋生态效率评估及时空差异——基于数据包络法的分析[J].社会科学,2018(1):18-28.

[10]王泽宇,张梦雅,王焱熙,范元兴.中国海洋三次产业经济效率时空演变及影响因素分析[J].经济地理,2020,40(11):121-130.

[11]孙才志,林洋洋.要素市场扭曲对中国沿海地区海洋经济效率的影响

[J]. 海洋通报,2021,40(4):369-378+386.

[12]肖健华,师雨瑶. 中国海洋经济效率的时空格局演变与动力机制研究[J/OL]. 海洋开发与管理:1-6. DOI:10. 20016/j. cnki. hykfygl. 20220314. 002.

[13]邹玮,孙才志,覃雄合. 基于 Bootstrap—DEA 模型环渤海地区海洋经济效率空间演化与影响因素分析[J]. 地理科学,2017,37(6):859-867.

[14]詹长根,王佳利,蔡春美. 沿海地区海洋经济效率及驱动机理研究[J]. 工业技术经济,2016,35(7):51-58.

[15]苑清敏,张文龙,冯冬. 资源环境约束下我国海洋经济效率变化及生产效率变化分析[J]. 经济经纬,2016,33(3):13-18.

[16]Ren W, Ji J, Chen L, et al. Evaluation of China's marine economic efficiency under environmental constraints—an empirical analysis of China′s eleven coastal regions[J]. Journal of Cleaner Production, 2018, 184(20): 806-814.

[17]Zhao L, Hu R, Sun C. Analyzing the spatial-temporal characteristics of the marine economic efficiency of countries along the Maritime Silk Road and the influencing factors [J]. Ocean & Coastal Management, 2021,15(204):105517.

[18]王银银. 绿色海洋经济效率时空演变与趋同分析——基于沿海 53 个城市面板数据[J]. 商业经济与管理,2021(11):78-89.

[19]王元月,高山峻. 中国海洋经济发展的空间溢出效应及影响因素分析[J]. 中国渔业经济,2021,39(5):35-43.

[20]康旺霖,邹玉坤,王垒. 中国海洋经济内生性绿色生产率及分解分析[J]. 统计与决策,2021,37(2):116-120.

[21]赵林,张宇硕,吴迪,王永明,吴殿廷. 考虑非期望产出的中国省际海洋经济效率测度及时空特征[J]. 地理科学,2016,36(5):671-680.

[22]Ding L, Lei L, Zhao X. China's ocean economic efficiency depends on environmental integrity: a global slacks-based measure[J]. Ocean & Coastal Management, 2019(176):49-59.

[23]宁凌,宋泽明. 基于三阶段 DEA—Tobit 模型的我国沿海地区海洋科技创新效率及影响因素研究[J]. 海洋通报,2020,39(6):641-650.

[24]陈健. 环境规制对海洋经济绿色发展的影响[J]. 技术经济与管理研究,2021(12):103-107.

[25]晋盛武,王圣芳,夏柱兵. 出口贸易与污染排放、治理投资关系的实证分析[J]. 合肥工业大学学报,2011(6):20-25.

[26]丁黎黎,朱琳,刘新民.沿海地区蓝绿指数的构建及差异性分析[J].软科学,2015,29(8):140-144.

[27]石晓然,张彩霞,殷克东.中国沿海省市海洋生态补偿效率评价[J].中国环境科学,2020,40(7):3204-3215.

[28]Ding L, Yang Y, Wang L, et al. Cross efficiency assessment of China′s marine economy under environmental governance[J]. Ocean & Coastal Management,2020,193: 105245.

[29]杨云飞,屈桂菲.我国沿海地区海洋生态环境效率时空演化及影响因素研究[J].中国海洋大学学报(社会科学版),2021(4):36-45.

[30]丁黎黎,郑海红,刘新民.海洋经济生产效率、环境治理效率和综合效率的评估[J].中国科技论坛,2018(3):48-57.

[31]Ding L, Lei L, Wang L, et al. A novel cooperative game network DEA model for marine circular economy performance evaluation of China[J]. Journal of Cleaner Production, 2020, 253: 120071.

[32]Liang L, Cook W D, Zhu J. DEA models for two-stage processes: game approach and efficiency decomposition[J]. Naval Research Logistics, 2008, 55(7),643-653.

[33]Zhao L, Zhu Q, Zhang L. Regulation adaptive strategy and bank efficiency: a network slacks-based measure with shared resources [J]. European Journal of Operational Research, 2021, 295(1):348-362.

[34]李培哲,菅利荣.区域高技术产业创新过程效率研究[J/OL].科学学研究:1-16. https://doi.org/10.16192/j.cnki.1003-2053.20210720.002.

[35]朱慧明,张中青扬,吴昊,邹凯.创新价值链视角下制造业技术创新效率测度及影响因素研究[J].湖南大学学报(社会科学版),2021,35(6):37-45.

[36]Meng F, Wang W. Heterogeneous effect of "Belt and Road" on the two-stage eco-efficiency in China's provinces[J]. Ecological Indicators, 2021, 129: 107920.

[37]Kao C, Hwang S N. Efficiency decomposition in two-stage data envelopment analysis: an application to non-life insurance companies in Taiwan[J]. European Journal of Operational Research, 2008, 185(1):418-429.

[38]段永瑞,景一方,李贵萍.基于两阶段DEA方法的中国商业银行效率评价[J].运筹与管理,2019,28(2):118-125.

[39]Guo C, Shureshjani R A, Foroughi A A, et al. Decomposition weights and overall efficiency in two-stage additive network DEA [J]. European Journal of Operational Research, 2017, 257(3): 896-906.

[40]Yao C, Cook W D, Ning L, et al. Additive efficiency decomposition in two-stage DEA[J]. European Journal of Operational Research, 2009, 196(3):1170-1176.

[41]姜秋香,赵蚰竹,王子龙,付强,王天,董玉洁.基于两阶段模型的水土资源利用效率评价[J].水利水电技术,2018,49(12):36-42.

[42]Xiao H, Wang D, Qi Y, et al. The governance-production nexus of eco-efficiency in Chinese resource-based cities: a two-stage network DEA approach[J]. Energy Economics, 2021, 101:105408.

[43]Chen Y, Ma X, Yan P, et al. Operating efficiency in Chinese universities: an extended two-stage network DEA approach[J]. Journal of Management Science and Engineering, 2021,6(4): 482-498.

[44]任胜钢,张如波,袁宝龙.长江经济带工业生态效率评价及区域差异研究[J].生态学报,2018,38(15):5485-5497.

[45]Zeng X, Zhou Z, Liu Q, et al. Environmental efficiency and abatement potential analysis with a two-stage DEA model incorporating the material balance principle[J]. Computers & Industrial Engineering, 2020, 148:106647.

[46] Zhang L, Zhao L, Zha Y. Efficiency evaluation of Chinese regional industrial systems using a dynamic two-stage DEA approach[J]. Socio-Economic Planning Sciences, 2021(1):101031.

[47]向小东,赵子燎.基于网络DEA交叉效率模型的我国商业银行效率评价研究[J].工业技术经济,2017,36(2):34-42.

[48]Kao C, Liu S T. Cross efficiency measurement and decomposition in two basic network systems[J]. Omega, 2019, 83: 70-79.

[49]Orkcu H H, Ozsoy V S, Orkcu M, et al. A neutral cross efficiency approach for basic two stage production systems[J]. Expert Systems with Applications, 2019, 125:333-344.

[50]Meng F, Xiong B. Logical efficiency decomposition for general two-stage systems in view of cross efficiency[J]. European Journal of Operational Research, 2021(2): 622-632.

[51]吴辉，昂胜，杨锋. 基于前景理论的两阶段 DEA 交叉效率评价模型[J]. 运筹与管理，2021，30(11)：53-59.

[52]Wang M，Huang Y，Li D. Assessing the performance of industrial water resource utilization systems in China based on a two-stage DEA approach with game cross efficiency[J]. Journal of Cleaner Production，2021(9)：127722.

[53]Meng F，Wang W. Heterogeneous effect of "Belt and Road" on the two-stage eco-efficiency in China's provinces[J]. Ecological Indicators，2021，129：107920.

[54]王美强，黄阳. 中立型两阶段交叉效率评价方法[J/OL]. 中国管理科学：1-12[2022-01-14]. https://doi. org/10. 16381/j. cnki. issn1003－207x. 2020. 1697.

[55]薛凯丽，范建平，匡海波，赵苗，吴美琴. 基于两阶段交叉效率模型的中国商业银行效率评价[J]. 中国管理科学，2021，29(10)：23-34.

[56]Wang Z，Yuan F，Han Z. Convergence and management policy of marine resource utilization efficiency in coastal regions of China[J]. Ocean & Coastal Management，2019，178：104854.

[57]宋强敏，孙才志，盖美. 基于非期望超效率模型的辽宁沿海地区海洋生态效率测算及影响因素分析[J]. 海洋通报，2019，38(5)：508-518.

[58]许亮，徐忠. 中国海洋生态效率及其影响因素研究——基于 DEA 与 Tobit 模型的分析[J]. 海洋开发与管理，2019，36(9)：89-95.

[59]李帅帅，范郢，沈体雁. 我国海洋经济增长的动力机制研究——基于省际面板数据的空间杜宾模型[J]. 地域研究与开发，2018，37(6)：1-5＋11.

[60]狄乾斌，徐礼祥. 科技创新对海洋经济发展空间效应的测度——基于多种权重矩阵的实证[J]. 科技管理研究，2021，41(6)：63-70.

[61]孙才志，林洋洋. 要素市场扭曲对中国沿海地区海洋经济效率的影响[J]. 海洋通报，2021，40(4)：369-378＋386.

[62]盖美，朱静敏，孙才志，孙康. 中国沿海地区海洋经济效率时空演化及影响因素分析[J]. 资源科学，2018，40(10)：1966-1979.

[63]赵昕，彭勇，丁黎黎. 中国海洋绿色经济效率的时空演变及影响因素[J]. 湖南农业大学学报(社会科学版)，2016，17(5)：81-89.

[64]狄乾斌，梁倩颖. 碳排放约束下的中国海洋经济效率时空差异及影响因素分析[J]. 海洋通报，2018，37(3)：272-279.

[65]孙鹏,宋琳芳.基于非期望超效率——Malmquist面板模型中国海洋环境效率测算[J].中国人口·资源与环境,2019,29(2):43-51.

[66] 盖美,展亚荣.中国沿海省区海洋生态效率空间格局演化及影响因素分析[J].地理科学,2019,39(4):616-625.

[67]Chen X, Qian W. Effect of marine environmental regulation on the industrial structure adjustment of manufacturing industry: an empirical analysis of China's eleven coastal provinces[J]. Marine Policy, 2020, 113: 103797.

[68]秦琳贵,沈体雁.科技创新促进中国海洋经济高质量发展了吗——基于科技创新对海洋经济绿色全要素生产率影响的实证检验[J].科技进步与对策,2020,37(9):105-112.

[69]韩增林,王晓辰,彭飞.中国海洋经济全要素生产率动态分析及预测[J].地理与地理信息科学,2019,35(1):95-101.

[70]Xu Z, Zhai S, Qian C. The impact of green financial agglomeration on the ecological efficiency of marine economy[J]. Journal of Coastal Research, 2019, 94: 988-991.

[71] 王艳明,王余琛,丁梦琦.共建"一带一路"对海洋经济增长的影响机制研究[J].价格理论与实践,2021(5):53-56+139.

[72]夏飞,陈修谦,唐红祥.向海经济发展动力机制及其完善路径[J].中国软科学,2019(11):139-152.

[73]蹇令香,苏宇凌,曹珊珊.数字经济驱动沿海地区海洋产业高质量发展研究[J].统计与信息论坛,2021,36(11):28-40.

[74]Zheng H, Zhang L, Zhao X. How does environmental regulation moderate the relationship between foreign direct investment and marine green economy efficiency: an empirical evidence from China's coastal areas[J]. Ocean & Coastal Management, 2022,219(15): 106077.

[75]Su C, Song Y, Umar M. Financial aspects of marine economic growth: from the perspective of coastal provinces and regions in China[J]. Ocean & Coastal Management, 2021, 204(4):105550.

[76]岳冬冬,王鲁民.中国低碳渔业发展路径与阶段划分研究[J].中国海洋大学学报(社会科学版),2012(5):15-21.

[77]孙康,柴瑞瑞,陈静锋.基于协同演化模拟的海洋经济可持续发展路径研究[J].中国人口·资源与环境,2014,24(S3):395-398.

[78]朱坚真，孙鹏.海洋产业演变路径特殊性问题探讨[J].农业经济问题，2010，32(8)：97-103+112.

[79]赵昕，李慧.澳门海洋经济高质量发展的路径[J].科技导报，2019，37(23)：39-45.

[80]万骁乐，邱鲁连，袁斌，张坤珵.中国海洋生态补偿政策体系的变迁逻辑与改进路径[J].中国人口·资源与环境，2021，31(12)：163-176.

[81][英]阿瑟·刘易斯(Arthurlewis W).经济增长理论[M].郭金兴，等，译.北京：机械工业出版社，2015.

[82]王弟海，李夏伟，龚六堂.经济增长与结构变迁研究进展[J].经济学动态，2021，719(1)：125-142.

[83]陈志，翟文侠，宋成舜.环境经济学理论、方法与实证研究[M].长春：东北师范大学出版，2017.

[84]樊越.可持续发展理念的历史演进及其当前困境探析[J].四川大学学报(哲学社会科学版)，2022(1)：88-98.

[85]蔡之兵.构建优势互补高质量发展区域经济布局之省思——以系统论为视角[J].河北学刊，2020，40(4)：147-154.

[86]尹紫东.系统论在海洋经济研究中的应用[J].地理与地理信息科学，2003(3)：84-87.

[87]Lehmann C，Delbard O，Lange S. Green growth，a-growth or degrowth? Investigating the attitudes of environmental protection specialists at the German Environment Agency[J]. Journal of Cleaner Production，2022，336(15)：130306.

[88]OECD. OECD and green growth[R]. OECD Meeting of the Council，2009.

[89]OECD. Towards green growth：monitoring progress[R]. OECD Meeting of the Council，2011.

[90]World Bank. Inclusive green growth：the pathway to sustainable development[M]. Technical Report，World Bank eBook，2012.

[91]张旭，李伦.绿色增长内涵及实现路径研究述评[J].科研管理，2016，37(8)：85-93.

[92]王珞琪，王冰玉，岑发财.基于绿色增长的资源型城市可持续发展研究[J].黑龙江科学，2017，8(10)：53-54.

[93]刘宇峰，原志华，郭玲霞，封建民，孔伟，党晨萌.陕西省城市绿色增长

水平时空演变特征及影响因素解析[J]. 自然资源学报,2022,37(1):200-220.

[94]徐敬俊,韩立民."海洋经济"基本概念解析[J]. 太平洋学报,2007(11):79-85.

[95]叶晓佳,孙敬水. 分配公平、经济效率与社会稳定的协调性测度研究[J]. 经济学家,2015(2):5-15.

[96]Farrell M J. The measurement of productive efficiency[J]. Journal of the Royal Statistical Society. Series A (General), 1957, 120(3): 253-290.

[97]Leibenstein H. Allocative efficiency vs. "X-efficiency"[J]. The American Economic Review, 1966, 56(3) : 392-415.

[98]毛世平. 技术效率理论及其测度方法[J]. 农业技术经济,1998,03:38-42.

[99]Rawat P S, Sharma S. TFP growth, technical efficiency and catch-up dynamics: evidence from Indian manufacturing[J]. Economic Modelling, 2021,103:105622.

[100]徐杰,朱承亮. 资源环境约束下少数民族地区经济增长效率研究[J]. 数量经济技术经济研究,2018,35(11):95-110.

[101]傅元海,叶祥松,王展祥. 制造业结构变迁与经济增长效率提高[J]. 经济研究,2016,51(8):86-100.

[102]Xue D, Yue L, Ahmad F, et al. Urban eco-efficiency and its influencing factors in Western China: fresh evidence from Chinese cities based on the US-SBM[J]. Ecological Indicators, 2021, 127(1):107784.

[103]杨小娟,陈耀,高瑞宏. 甘肃省农业环境效率及碳排放约束下农业全要素生产率测算研究[J]. 中国农业资源与区划,2021,42(8):13-20.

[104]Meng M, Qu D. Understanding the green energy efficiencies of provinces in China: a Super-SBM and GML analysis[J]. Energy, 2022,15(239): 121912.

[105]温婷,罗良清. 中国乡村环境污染治理效率及其区域差异——基于三阶段超效率 SBM—DEA 模型的实证检验[J]. 江西财经大学学报,2021(3):79-90.

[106]Lu K, Shi D, Xiang W, et al. How has the efficiency of China's green development evolved? An improved non-radial directional distance function measurement[J]. Science of The Total Environment, 2022,1(815): 152337.

[107]Yang L, Ni M. Is financial development beneficial to improve the efficiency of green development? Evidence from the "Belt and Road" countries [J]. Energy Economics, 2022, 105: 105734.

[108] 孙博文,陈路,李浩民.市场分割的绿色增长效率损失评估——非线性机制验证[J].中国人口·资源与环境,2018,28(7):148-158.

[109]曹玉书,尤卓雅.资源约束、能源替代与可持续发展——基于经济增长理论的国外研究综述[J].浙江大学学报(人文社会科学版),2010,40(4):5-13.

[110]宋丹凤,原峰,鲁亚运.海洋资源要素对海洋经济增长的影响研究[J].海洋开发与管理,2021,38(4):40-47.

[111]汪克亮,孟祥瑞,杨宝臣,程云鹤.中国区域经济增长的大气环境绩效研究[J].数量经济技术经济研究,2016,33(11):59-76.

[112]魏方庆.基于非径向距离函数DEA模型的效率评价方法研究[D].合肥:中国科学技术大学,2018.

[113]Alcaraz J, Aparicio J, Monge J F, et al. Weight profiles in cross-efficiency evaluation based on hypervolume maximization[J]. Socio-Economic Planning Sciences, 2022,2:101270.

[114]Charnes A, Cooper W, Rhodes E. Measuring the efficiency of decision making units[J]. European Journal of Operational Research, 1978,2(6):429-444.

[115]程开明,刘琦璐,庄燕杰.效率评价中处理非期望产出的非参数方法演进、比较及展望[J].数量经济技术经济研究,2021,38(5):154-171.

[116] Seiford L, Zhu J. Modeling undesirable factors in efficiency evaluation[J]. European Journal of Operational Research, 2002,142(1):16-20.

[117] Sexton T R, Silkman R H, Hogan A J. Data envelopment analysis: critique and extensions[J]. New Directions for Program Evaluation, 1986,32:73-105.

[118]刘华军,郭立祥,乔列成,石印.中国物流业效率的时空格局及动态演进[J].数量经济技术经济研究,2021,38(5):57-74.

[119]何广顺, 丁黎黎, 宋维玲.海洋经济分析评估理论、方法与实践[M].北京:海洋出版社, 2014:28-55.

[120]张军,吴桂英,张吉鹏.中国省际物质资本存量估算:1952—2000[J].

经济研究,2004,10:35-44.

[121]赵领娣,李飞,王琪.长江经济带发展战略与就业:促进还是抑制?——基于市级面板数据的双重差分分析[J].长江流域资源与环境,2021,30(11):2569-2580.

[122]丁黎黎,张凯旋,杨颖.技术进步偏向视角下中国海洋经济绿色增长效率研究进展[J].海洋通报,2021,40(3):254-261.

[123]杨燕燕,王永瑜,韩君.新发展理念下黄河流域生态效率测度及空间异质性研究[J].统计与决策,2021,37(24):110-114.

[124]丁黎黎,朱琳,何广顺.中国海洋经济绿色全要素生产率测度及影响因素[J].中国科技论坛,2015(2):72-78.

[125]明雨佳,刘勇,周佳松.基于大数据的山地城市活力评价——以重庆主城区为例[J].资源科学,2020,42(4):710-722.

[126]操建华.水产养殖业自身污染现状及其治理对策[J].社会科学家,2018(2):46-50.

[127]Yao C, Du J, Sherman H D, et al. DEA model with shared resources and efficiency decomposition[J]. European Journal of Operational Research, 2010, 207(1):339-349.

[128]Liu W, Zhou Z, Ma C, et al. Two stage DEA models with undesirable input-intermediate-outputs[J]. Omega, 2015,56:74-87.

[129]李丽芳,谭政勋,叶礼贤.改进的效率测算模型、影子银行与中国商业银行效率[J].金融研究,2021, 496(10):98-116.

[130]张雪梅,马鹏琼.基于超效率SBM模型的城市节能环保产业效率评价及比较研究——以兰州市为例[J].科技管理研究,2018,38(20):268-274.

[131]杨佳伟,王美强.基于非期望中间产出网络DEA的中国省际生态效率评价研究[J].软科学,2017,31(2):92-97.

[132]任桂芳,史彦虎.基于DEA方法的山西和谐发展研究[J].科技情报开发与经济,2010,20(1):127-129.

[133]李天生,陈琳琳.环渤海区域海洋生态环境特点及保护制度改革[J].山东大学学报(哲学社会科学版),2019,1:127-135.

[134]梁亮.海洋环境协同治理的路径构建[J].人民论坛,2017,17:76-77.

[135]Solow R M. A contribution to the theory of economic growth[J]. The Quarterly Journal of Economics, 1956, 70(1): 65-94.

[136]Sachs J, Warner A M. Economic convergence and economic

policies[J]. Case Network Studies and Analyses, 1995, 65(4):900-913.

[137]孙钰,梁一灿,齐艳芬,崔寅.京津冀城市群生态效率的空间收敛性研究[J].科技管理研究,2021,41(19):184-194.

[138]Angeliki N M, Nisar A, Reza F, et al. The convergence in various dimensions of energy-economy-environment linkages: a comprehensive citation-based systematic literature review[J]. Energy Economics,2021,104:105653.

[139]Dominguez A, Mendez C, Santos-Marquez F. Sectoral productivity convergence, input-output structure and network communities in Japan[J]. Structural Change and Economic Dynamics, 2021,59: 582-599.

[140]薛建春,张安录.黄河流域城市土地利用全要素生产率指数的偏向型技术进步分析及收敛性检验[J].湖北社会科学,2021(6):73-80.

[141]Pettersson F, Maddison D J, Acar S, et al. Convergence of carbon dioxide emissions: a review of the literature[J]. International Review of Environmental and Resource Economics, 2013, 2:141-178.

[142]孔晴.中国环境污染综合指数的构建及其收敛性研究[J].统计与决策,2019,35(21):122-125.

[143]杨应策,俞佳立,夏梦凡.居民健康水平与医疗卫生资源投入的协调度研究[J].统计与决策,2021,37(11):53-57.

[144]杨骞,刘鑫鹏,孙淑惠.中国科技创新效率的时空格局及收敛性检验[J].数量经济技术经济研究,2021,38(12):105-123.

[145]吕承超,崔悦.中国高质量发展地区差距及时空收敛性研究[J].数量经济技术经济研究,2020,37(9):62-79.

[146]Sala M. The classical approach to convergence analysis[J]. Economic Journal, 1996, 437: 1019-1036.

[147]罗传键.西方发展经济学研究新思路——多重均衡论与历史依附论[J].经济学动态,2002(8):74-78.

[148]徐雷,杨家辉,郑理.中国劳动收入份额的时空分异特征及动态演变研究[J].北京工商大学学报(社会科学版),2021,36(1):92-104.

[149]Peng H, Qi S, Zhang Y. Does trade promote energy efficiency convergence in the Belt and Road Initiative countries? [J]. Journal of Cleaner Production, 2021, 322(5):129063.

[150]陈明华,岳海珺,郝云飞,刘文斐.黄河流域生态效率的空间差异、动

态演进及驱动因素[J].数量经济技术经济研究,2021,38(9):25-44.

[151]于斌斌.产业结构调整如何提高地区能源效率?——基于幅度与质量双维度的实证考察[J].财经研究,2017,43(1):86-97.

[152]姚瑞华,张晓丽,严冬,徐敏,马乐宽,赵越.基于陆海统筹的海洋生态环境管理体系研究[J].中国环境管理,2021,13(5):79-84.

[153]段君雅,任利利.港口和船舶突发污染事故趋势分析[J].中国水运,2021,10:124-126.

[154] Tweedie R L. Markov chains: structure and applications[J]. Handbook of Statistics, 1998, 19:817-851.

[155]郭海红,张在旭,方丽芬.中国农业绿色全要素生产率时空分异与演化研究[J].现代经济探讨,2018(6):85-94.

[156]何立华,杨盼,蒙雁琳,孔渊.能源结构优化对低碳山东的贡献潜力[J].中国人口·资源与环境,2015,25(6):89-97.

[157]邓晴晴,李二玲.中原城市群县域城镇化水平时空演变分析[J].河南大学学报(自然科学版),2017,47(4):387-397.

[158]魏巍贤.基于CGE模型的中国能源环境政策分析[J].统计研究,2009,26(7):3-13.

[159]李江龙,徐斌."诅咒"还是"福音":资源丰裕程度如何影响中国绿色经济增长?[J].经济研究,2018,53(9):151-167.

[160]杨文进,柳杨青.生态经济学建设的若干设想——边缘交叉经济学科建设的一般方法论探讨[J].中国地质大学学报(社会科学版),2012,12(2):34-39+139.

[161]Yang C, Yang C, Chiu C, et al. Resource allocation, structural change, and the dynamics of manufacturing productivity in Indonesia[J]. Developing Economies, 2018,56(4): 297-327.

[162] Brandt L, Biesebroeck J V, Zhang Y. Creative accounting or creative destruction? Firm-level productivity growth in Chinese manufacturing [J]. Journal of Development Economics, 2012,97(2):339-351.

[163]邹才能,何东博,贾成业,熊波,赵群,潘松圻.世界能源转型内涵、路径及其对碳中和的意义[J].石油学报,2021,42(2):233-247.

[164]徐斌,陈宇芳,沈小波.清洁能源发展、二氧化碳减排与区域经济增长[J].经济研究,2019,54(7):188-202.

[165] Zhang S, Liu Y, Huang D. Understanding the mystery of

continued rapid economic growth[J]. Journal of Business Research, 2021, 124:529-537.

[166] 翁异静,汪夏彤,杜磊,周祥祥. 浙江省新型城镇化和绿色经济效率协调度研究——基于"两山理论"视角[J]. 华东经济管理,2021,35(6):100-108.

[167]刘林杰,杨树旺. 中国城镇化进程影响全要素碳排放效率的区域异质性研究[J]. 云南社会科学,2022(2):101-110.

[168]何雄浪,全文军. 空间视角下人口结构影响经济增长的理论机制与实证分析[J]. 山东财经大学学报,2021,33(3):55-68+99.

[169]宫萌,吴晓青,于璐. 1974—2017年山东省大陆海岸围填海动态变化分析[J]. 地球信息科学学报,2019,21(12):1911-1922.

[170] Wang N, Zhu Y, Yang T. The impact of transportation infrastructure and industrial agglomeration on energy efficiency: evidence from China's industrial sectors[J]. Journal of Cleaner Production, 2020, 244:118708.

[171]史梦昱,沈坤荣. 人才集聚、产业集聚对区域经济增长的影响——基于非线性、共轭驱动和空间外溢效应的研究[J]. 经济与管理研究,2021,42(7):94-107.

[172]关海玲,董慧君,张宇茹.《全国资源型城市可持续发展规划》的污染减排效应研究[J]. 经济问题,2021(6):80-90.

[173]Chen X, Qian W. Effect of marine environmental regulation on the industrial structure adjustment of manufacturing industry: an empirical analysis of China's eleven coastal provinces[J]. Marine Policy, 2020, 113:103797.

[174]Zhao X, Mahendru M, Ma X, et al. Impacts of environmental regulations on green economic growth in China: new guidelines regarding renewable energy and energy efficiency[J]. Renewable Energy, 2022, 187:728-742.

[175]官永彬,李玥. 长江经济带环境治理效率的实证测度与影响因素研究[J]. 重庆师范大学学报(社会科学版),2021(1):17-27.

[176] Morita, H, Nguyen, X. FDI and quality-enhancing technology spillovers[J]. International Journal of Industrial Organization, 2021, 279:102787.

[177]陈晓东.改革开放40年技术引进对产业升级创新的历史变迁[J].南京社会科学,2019(1):17-25.

[178]Marques A C, Caetano R V. Do greater amounts of FDI cause higher pollution levels? Evidence from OECD countries[J/OL]. Journal of Policy Modeling, 2021. https://doi.org/10.1016/j.jpolmod.2021.10.004.

[179]冯友建,杨蕴真.浙江省海洋产业结构合理化评价研究[J].海洋开发与管理,2017,34(7):118-124.

[180]王泽宇,崔正丹,韩增林,孙才志,刘桂春,刘楷.中国现代海洋产业体系成熟度时空格局演变[J].经济地理,2016,36(3):99-108.

[181]闫星,罗义,赵芹,潘杰义.基于SBM-DEA的陕西省制造业高质量发展效率评价及对策研究[J].科技管理研究,2022,42(1):44-50.

[182]倪进峰,李华.产业集聚、人力资本与区域创新——基于异质产业集聚与协同集聚视角的实证研究[J].经济问题探索,2017(12):156-162.

[183]陆旸.环境规制影响了污染密集型商品的贸易比较优势吗?[J].经济研究,2009,44(4):28-40.

[184]宋晓娜,薛惠锋.环境规制、FDI溢出与制造业绿色技术创新[J/OL].统计与决策,2022(3):81-85。

[185]钱薇雯,陈璇.中国海洋环境规制对海洋技术创新的影响研究——基于环渤海和长三角地区的比较[J].海洋开发与管理,2019,36(7):70-76.

[186]杨林,温馨.环境规制促进海洋产业结构转型升级了吗?——基于海洋环境规制工具的选择[J].经济与管理评论,2021,37(1):38-49.

[187]张懿,纪建悦.中国海水养殖产业绿色全要素生产率分解及影响因素分析[J].科技管理研究,2022,42(3):206-213.

[188]张国兴,冯祎琛,王爱玲.不同类型环境规制对工业企业技术创新的异质性作用研究[J].管理评论,2021,33(1):92-102.

[189]谢靖,廖涵.技术创新视角下环境规制对出口质量的影响研究——基于制造业动态面板数据的实证分析[J].中国软科学,2017(8):55-64.

[190]孙冬营,吴星妍,顾嘉榕,许玲燕,王慧敏.长三角城市群工业企业绿色全要素生产率测算及其影响因素[J].中国科技论坛,2021(12):91-100.

[191]Garcés-Ordóñez O, Espinosa L F, Cardoso R P, et al. Impact of tourism on marine litter pollution on Santa Marta Beach[J]. Marine Pollution Bulletin, 2020, 160: 111558.

[192]崔兴华,林明裕.FDI如何影响企业的绿色全要素生产率?——基于

Malmquist－Luenberger 指数和 PSM－DID 的实证分析[J]. 经济管理，2019，41(3)：38-55.

[193]胡雪萍，李丹青. 城镇化进程中生态足迹的动态变化及影响因素分析——以安徽省为例[J]. 长江流域资源与环境，2016，25(2)：300-306.

[194]李婧贤，王钧，杜依杭，蔡爱玲. 快速城市化背景下珠江三角洲滨海湿地变化特征[J]. 湿地科学，2019，17(3)：267-276.

[195]豆建民，张可. 空间依赖性、经济集聚与城市环境污染[J]. 经济管理，2015，37(10)：12-21.

[196]黄凌翔，蒋亚男，王忠. 我国海域市场分析及对策研究[J]. 城市，2021(9)：43-57.

[197]王鹏，谢丽文. 污染治理投资、企业技术创新与污染治理效率[J]. 中国人口·资源与环境，2014，24(9)：51-58.

[198]徐志雄，徐维祥，刘程军. 环境规制对土地绿色利用效率的影响[J]. 中国土地科学，2021，35(8)：87-95.

[199]Jiao J，Zhang X，Tang Y. What factors determine the survival of green innovative enterprises in China? —A method based on fsQCA[J]. Technology in Society，2020，62：101314.

[200]Pappas I O，Woodside A G. Fuzzy-set qualitative comparative analysis (fsqca)：guidelines for research practice in information systems and marketing[J]. International Journal of Information Management，2021，58(3)：102310.

[201] Ho J，Plewa C，Lu V N. Examining strategic orientation complementarity using multiple regression analysis and fuzzy set QCA[J]. Journal of Business Research，2016，69(6)：2199-2205.

[202] Carmen M D，Giménez-Espert，Selene，et al. Evaluation of emotional skills in nursing using regression and QCA models：a transversal study.[J]. Nurse Education Today，2018，74：31-37.

[203]Cao D，Wang Y，Betkeley N，et al. Configurational conditions and sustained competitive advantage：a fsQCA approach [J]. Long Range Planning，2021，22：102131.

[204]杨英，李岩，张秀娥，曲国丽，孙冰悦. 正式制度与非正式制度如何驱动社会创业——基于效率驱动型国家的 QCA 研究[J]. 科技进步与对策，2021，38(3)：21-29.

[205]杜运周,李佳馨,刘秋辰,赵舒婷,陈凯薇.复杂动态视角下的组态理论与QCA方法:研究进展与未来方向[J].管理世界,2021,37(3):180-197+12-13.

[206]Judge W Q, Fainshmidt S, Brown J L. Institutional systems for equitable wealth creation: replication and an update of judge et al. (2014)[J]. Management and Organization Review, 2020, 16:5-31.

[207]张明,杜运周.组织与管理研究中QCA方法的应用:定位、策略和方向[J].管理学报,2019,16(9):1312-1323.

[208]乃鹏,李娅南,孔海燕.基于fsQCA方法的区域旅游经济发展影响路径研究——以山东省17城市为案例[J].东岳论丛,2020,41(9):180-190.

[209] Lou Z, Ye A, Mao J, et al. Supplier selection, control mechanisms, and firm innovation: configuration analysis based on fsQCA[J]. Journal of Business Research, 2022, 139:81-89.

[210]Ragin C C. Redesigning social inquiry: fuzzy setsand beyond [M]. Chicago: University of Chicago Press,2008.

[211] 陶克涛,张术丹,赵云辉.什么决定了政府公共卫生治理绩效?——基于QCA方法的联动效应研究[J].管理世界,2021,37(5):128-138+156.

[212]王婉,范志鹏,秦艺根.经济高质量发展指标体系构建及实证测度[JL].统计与决策,2022,3:124-128.

[213]Fiss P C. Building better causal theories: a fuzzy set approach to typologies in organization research[J]. Academy of Management Journal, 2011, 54(2):393-420.

[214]张明,陈伟宏,蓝海林.中国企业"凭什么"完全并购境外高新技术企业——基于94个案例的模糊集定性比较分析(fsQCA)[J].中国工业经济,2019(4):117-135.

[215] Ragin C. Set relations in social research: evaluating their consistency and coverage[J]. Political Analysis, 2006,14(3): 291-310.

[216]文宏,李风山.组态视角下大气环境政策执行偏差的生成机理与典型模式——基于61个案例的模糊集定性比较分析[J].中国地质大学学报(社会科学版),2021,21(5):70-81.

[217]张明,蓝海林,陈伟宏,曾萍.殊途同归不同效:战略变革前因组态及其绩效研究[J].管理世界,2020,36(9):168-186.

[218]殷晓鹏,肖艺璇,王锋锋.中国共产党对外贸易政策演进:成就与展望

[J]. 财经科学,2021(5):49-62.

[219]郭东杰,王晓庆. 经济开放与人口流动及城镇化发展研究[J]. 中国人口科学,2013(5):78-86+127.

[220]胡丽娜,薛阳. 财政分权对区域创新活跃度激励效应及传导机制研究[J]. 经济经纬,2021,38(2):14-22.

[221]Hamidi S,Zandiatashbar A. Does urban form matter for innovation productivity? A national multi-level study of the association between neighbourhood innovation capacity and urban sprawl[J]. Urban Studies, 2019, 56(8): 1576-1594.

[222]万广华,胡晓珊. 新发展格局下的国内需求与创新:再论城镇化、市民化的重要性[J]. 国际经济评论,2021(2):22-35+4.

附录 1　海洋经济绿色增长效率评价结果（2006—2018 年）

省（区、市）及海洋经济圈	地区	2006	2007	2008	2009	2010	2011	2012	2013	2014	2015	2016	2017	2018
天津	北	0.5282	0.5409	0.5482	0.5550	0.5640	0.5798	0.5899	0.5793	0.5596	0.5576	0.5716	0.5875	0.5867
河北	北	0.5427	0.5493	0.5683	0.5699	0.5327	0.4944	0.4565	0.4229	0.4169	0.4306	0.4601	0.4689	0.4707
辽宁	北	0.2390	0.2690	0.2504	0.2548	0.2473	0.2827	0.2750	0.2645	0.2560	0.2634	0.2811	0.3055	0.3235
上海	东	0.6789	0.6572	0.6630	0.6923	0.7251	0.7510	0.7876	0.7937	0.8035	0.7704	0.7716	0.7872	0.8422
江苏	东	0.5250	0.5300	0.5465	0.5758	0.5919	0.5956	0.5854	0.5801	0.5760	0.5687	0.5668	0.5713	0.5889
浙江	东	0.3459	0.3774	0.4052	0.4247	0.4389	0.4494	0.4431	0.4336	0.4282	0.4266	0.4345	0.4374	0.4387
福建	南	0.3900	0.4126	0.4354	0.4467	0.4518	0.4479	0.4363	0.4235	0.4058	0.4061	0.4098	0.4217	0.4198
山东	北	0.2676	0.2776	0.2923	0.3054	0.3181	0.3240	0.3249	0.3184	0.3188	0.3138	0.3186	0.3188	0.3284
广东	南	0.3749	0.3959	0.4233	0.4504	0.4747	0.4922	0.5042	0.5116	0.5173	0.5259	0.5290	0.5232	0.5065
广西	南	0.5997	0.6059	0.6081	0.6022	0.5899	0.5800	0.5619	0.5409	0.5110	0.4839	0.4699	0.4547	0.4364
海南	南	0.7132	0.7743	0.7955	0.7880	0.7063	0.6699	0.6386	0.6171	0.6116	0.5929	0.5756	0.5495	0.5406
北部海洋经济圈		0.3944	0.4092	0.4148	0.4213	0.4155	0.4202	0.4116	0.3963	0.3878	0.3913	0.4078	0.4202	0.4273
东部海洋经济圈		0.5166	0.5215	0.5382	0.5643	0.5853	0.5987	0.6053	0.6025	0.6025	0.5886	0.5910	0.5986	0.6233
南部海洋经济圈		0.5194	0.5472	0.5656	0.5718	0.5557	0.5475	0.5352	0.5233	0.5114	0.5022	0.4961	0.4873	0.4758
总体平均		0.4732	0.4900	0.5033	0.5150	0.5128	0.5152	0.5094	0.4987	0.4913	0.4854	0.4899	0.4932	0.4984

附录 2　海洋经济生产效率评价结果（2006—2018 年）

省（区、市）及海洋经济圈	地区	2006	2007	2008	2009	2010	2011	2012	2013	2014	2015	2016	2017	2018
天津	北	0.5845	0.5926	0.6045	0.6168	0.6263	0.6311	0.6388	0.6448	0.6473	0.6337	0.6210	0.6087	0.6084
河北	北	0.5980	0.6019	0.6100	0.6121	0.5934	0.5668	0.5472	0.5386	0.5383	0.5450	0.5528	0.5567	0.5576
辽宁	北	0.2608	0.2670	0.2055	0.2060	0.2015	0.2603	0.2571	0.2557	0.2534	0.2622	0.2743	0.2936	0.3082
上海	东	0.6774	0.6834	0.6838	0.6994	0.7263	0.7650	0.7978	0.8239	0.8520	0.8797	0.9169	0.9544	0.9927
江苏	东	0.4667	0.4902	0.5124	0.5329	0.5536	0.5694	0.5781	0.5797	0.5855	0.5927	0.5945	0.5966	0.6059
浙江	东	0.3103	0.3307	0.3506	0.3695	0.3881	0.4035	0.4121	0.4155	0.4171	0.4216	0.4269	0.4258	0.4173
福建	南	0.3717	0.3916	0.4068	0.4154	0.4217	0.4203	0.4159	0.4108	0.4038	0.4071	0.4085	0.4128	0.4063
山东	北	0.2369	0.2551	0.2699	0.2809	0.2907	0.3035	0.3142	0.3248	0.3345	0.3429	0.3486	0.3471	0.3448
广东	南	0.3408	0.3725	0.4020	0.4288	0.4505	0.4722	0.4869	0.5006	0.5081	0.5188	0.5258	0.5216	0.5032
广西	南	0.6332	0.6428	0.6384	0.6205	0.6169	0.6106	0.5997	0.5758	0.5538	0.5428	0.5338	0.5154	0.4884
海南	南	0.7652	0.7743	0.7727	0.7665	0.7556	0.7369	0.7086	0.6792	0.6622	0.6300	0.6035	0.5796	0.5687
北部海洋经济圈		0.4200	0.4291	0.4225	0.4290	0.4280	0.4404	0.4393	0.4410	0.4434	0.4460	0.4492	0.4515	0.4547
东部海洋经济圈		0.4848	0.5014	0.5156	0.5339	0.5560	0.5793	0.5960	0.6063	0.6182	0.6313	0.6461	0.6589	0.6720
南部海洋经济圈		0.5277	0.5453	0.5550	0.5578	0.5612	0.5600	0.5528	0.5416	0.5320	0.5247	0.5179	0.5073	0.4917
总体平均		0.4769	0.4911	0.4961	0.5044	0.5113	0.5218	0.5233	0.5227	0.5233	0.5251	0.5279	0.5284	0.5274

附录3 海洋经济环境治理效率评价结果（2006—2018年）

省（区、市）及海洋经济圈	地区	2006	2007	2008	2009	2010	2011	2012	2013	2014	2015	2016	2017	2018
天津	北	0.4935	0.5009	0.4906	0.4793	0.4799	0.5126	0.5259	0.4771	0.4148	0.4444	0.5256	0.6331	0.6278
河北	北	0.5783	0.5827	0.6326	0.6367	0.5434	0.4544	0.3700	0.3023	0.3047	0.3385	0.4122	0.4318	0.4396
辽宁	北	0.1773	0.2799	0.6286	0.7626	0.9127	0.4893	0.4354	0.3418	0.2929	0.2954	0.3584	0.4177	0.4579
上海	东	0.7514	0.6137	0.6278	0.7011	0.7482	0.7114	0.7531	0.6719	0.6125	0.4342	0.3668	0.3354	0.3782
江苏	东	0.7988	0.7193	0.7140	0.7947	0.8046	0.7584	0.6676	0.6406	0.6062	0.5554	0.5464	0.5616	0.6108
浙江	东	0.5393	0.6543	0.7466	0.7987	0.7790	0.7427	0.5869	0.4850	0.4421	0.4183	0.4486	0.4869	0.5732
福建	南	0.4427	0.4833	0.5543	0.5821	0.5893	0.5644	0.4977	0.4384	0.3712	0.3680	0.3975	0.4847	0.5403
山东	北	0.3882	0.3497	0.3680	0.4052	0.4556	0.4191	0.3574	0.2708	0.2417	0.2004	0.2020	0.2036	0.2488
广东	南	0.6048	0.5154	0.5316	0.5755	0.6647	0.6302	0.6159	0.5345	0.5211	0.5148	0.4813	0.4658	0.4756
广西	南	0.6504	0.6453	0.6568	0.6751	0.6492	0.6388	0.6106	0.6005	0.5549	0.4934	0.4696	0.4651	0.4746
海南	南	0.7482	0.9035	0.9906	0.9755	0.7047	0.6207	0.5783	0.5741	0.5975	0.6116	0.6199	0.5871	0.5829
北部海洋经济圈		0.4093	0.4283	0.5299	0.5710	0.5979	0.4688	0.4222	0.3480	0.3135	0.3197	0.3745	0.4215	0.4435
东部海洋经济圈		0.6965	0.6624	0.6961	0.7649	0.7773	0.7375	0.6692	0.5991	0.5536	0.4693	0.4540	0.4613	0.5207
南部海洋经济圈		0.6115	0.6369	0.6833	0.7021	0.6520	0.6135	0.5756	0.5369	0.5112	0.4970	0.4921	0.5007	0.5184
总体平均		0.5612	0.5680	0.6310	0.6715	0.6665	0.5947	0.5453	0.4852	0.4509	0.4249	0.4389	0.4612	0.4918

后 记

为加快构建新发展格局，着力推动高质量发展，党的二十大报告明确提出，发展海洋经济，保护海洋生态环境，加快建设海洋强国。这是党的十八大以来，第三次在党的全国代表大会上对海洋强国建设做出战略部署。因此，作为经济高质量发展的战略要地，海洋经济的高质量发展，不仅是加快建设海洋强国战略的重要支撑，也是加快构建我国新发展格局的必要路径。提高海洋经济绿色增长效率，实现海洋经济增长与海洋资源环境保护的共赢，已成为当前海洋经济向高质量发展迈进的必然要求。

习近平总书记指出："发展海洋经济，绝不能以牺牲海洋生态环境为代价，一定要坚持开发与保护并举的方针，全面促进海洋经济可持续发展。"海洋环境治理已成为与海洋经济生产并重的关键环节，这恰恰是"中国式"海洋经济增长的特性所在。而以往对海洋经济绿色增长效率的探讨，多强调经济发展所带来的环境破坏与资源损耗，忽略了环境治理行为对海洋经济绿色增长效率的影响，难以全面反映海洋经济的发展质量。本书以海洋经济为研究对象，深入剖析"中国海洋经济绿色增长效率评价及提升路径"这一科学问题，系统回答："我国海洋经济绿色增长效率如何测度？""我国海洋经济绿色增长效率如何演变？海洋经济绿色增长效率受什么因素影响？""海洋经济绿色增长效率如何提升？"研究成果体现在：搭建海洋经济绿色增长效率评价的分析框架、完善海洋经济绿色增长效率评价的方法体系、拓宽海洋经济绿色增长效率提升路径。本书深化了国家自然科学基金"技术偏向视角下海洋经济绿色增长效率评估及提升路径研究"项目研究，为形成海洋经济高质量发展的系统化方案提供了理论基础；同时有助于全面把握我国海洋经济的发展脉搏，为沿海地区制定差异化海洋经济绿色增长效率提升策略提供参考。

本书作者依托教育部人文社科重点研究基地、教育部人文社科重点研究伙伴基地，开展了沿海地区海洋经济高质量发展的调研工作。该书的部分成果是国家社科基金重大研究专项"海洋经济高质量发展路径研究"的阶段性成果。

在写作过程中，从梳理框架结构、编写写作提纲到明确体例统稿，笔者都得到了大量的鼓励和帮助，在此深表谢意！笔者参考、引用了大量相关资料，恕不赘述，谨表感谢！引用文献虽大多都一一注明，但恐有疏漏，敬请涵谅。本书得到了中国海洋大学出版社的大力支持。限于研究人员学识、能力及水平的限制，书中难免有不足之处，还请广大读者批评指正，以使我们后续类似的研究能够更加完善。

笔者

2022 年 12 月